国家出版基金项目
NATIONAL PUBLICATION FOUNDATION

U0173490

"十三五"国家重点出版物出版规划项目

光 电 技 术 及 其 军 事 应 用 丛 书

偏振光成像探测技术及军事应用

Detection Technology and Military
Applications of Polarized Light Imaging

王峰 吴云智 杨钒 王勇 ◇ 著

国防工业出版社

·北京·

内 容 简 介

本书针对战场复杂环境下的成像侦察需求，在偏振成像探测基础理论研究基础上，重点开展了雾霾、水雾、云层、林地、荒漠等背景环境下不同目标的偏振特性分析及成像探测等研究，解决了偏振图像融合、增强、分割及检测等关键技术，对偏振成像探测在军事应用上的优势进行了验证，提出了为不良气象条件下成像、揭示伪装目标、提取目标细节特征等的有效方法。

本书可供偏振光成像相关领域学生、研究人员和工程技术人员学习和参考。

图书在版编目（CIP）数据

偏振光成像探测技术及军事应用/王峰等著.—北京：国防工业出版社，2021.5

（光电技术及其军事应用丛书）

ISBN 978-7-118-12305-0

Ⅰ.①偏… Ⅱ.①王… Ⅲ.①偏振光—光反射—成像系统—探测技术 Ⅳ.①TN941.1

中国版本图书馆 CIP 数据核字（2021）第 047155 号

※

*国防工业出版社*出版发行

（北京市海淀区紫竹院南路 23 号 邮政编码 100048）
雅迪云印（天津）科技有限公司印刷
新华书店经售

*

开本 710×1000 1/16 印张 13¼ 字数 244 千字
2021 年 5 月第 1 版第 1 次印刷 印数 1—2000 册 定价 106.00 元

（本书如有印装错误，我社负责调换）

国防书店：（010）88540777　　　书店传真：（010）88540776
发行业务：（010）88540717　　　发行传真：（010）88540762

光电技术及其军事应用丛书
编委会

序

新时代陆军正从区域防卫型向全域作战型转型发展，加速形成适应"机动作战、立体攻防"战略要求的作战能力，对体系对抗日益复杂下的部队防御能力建设提出了更高的要求。陆军炮兵防空兵学院长期从事目标防御的理论、技术与装备研究，取得了丰硕的成果。为进一步推动目标防御研究发展，现对前期研究成果进行归纳总结，形成了本套丛书。

丛书以目标防御研究为主线，以光电技术及应用为支点，由7分册构成，各分册的设置和内容如下：

《光电制导技术》介绍了精确制导原理和主要技术。精确制导武器作为目标防御的主要对象，了解其制导原理是实现有效干扰对抗的关键，也是防御技术研究与验证的必要条件。

《稀疏和低秩表示目标检测与跟踪及其军事应用》《光电图像处理技术及其应用》是防御系统目标侦察预警方面研究成果的总结。防御作战要具备全空域警戒能力，尽早发现和确定威胁目标可有效提高防御作战效能。

《偏振光成像探测技术及军事应用》针对不良天候、伪装隐身干扰等特殊环境下的目标探测难题，开展偏振光成像机理与探测技术研究，将偏振信息用于目标检测与跟踪，可有效提升复杂战场环境下防御系统侦察预警能力。

《光电防御系统与技术》系统介绍了目标防御的理论体系、技术体系和装备体系，是对目标防御技术的概括总结。

《末端综合光电防御技术与应用》《军用光电系统及其应用》研究了特定应用场景下的防御装备发展问题，给出了作战需求分析、方案论证、关键技术解决途径、系统研制及试验验证的装备研发流程。

丛书聚焦目标防御问题，立足光电技术领域，分别介绍了威胁对象分析、目标探测跟踪、防御理论、防御技术、防御装备等内容，各分册虽独立成书，但也有密切的关联。期望本套丛书能帮助读者加深对目标防御技术的了解，促进我国光电防御事业向更高的目标迈进。

2020 年 10 月

前　言

  偏振成像探测技术作为一种新型的光学侦察手段，是光电探测技术的一个重要分支，近年来逐渐受到国内外研究人员的重视，尤其是在军事应用领域的研究成为一大热点。偏振成像能够同时获取目标的强度信息和偏振信息，由于偏振信息是矢量，不同物体的偏振信息各不相同，可以通过特殊的偏振解析方法将不同物体的偏振信息区分出来，且偏振信息的方向敏感性有助于目标表面状态、结构特征和材料类型等目标固有性质的反演，因此，偏振成像能够获取更丰富的目标信息，为目标的探测、解译、识别提供更多依据。现有研究结果表明：偏振成像探测尤其适合对复杂背景下目标的成像侦察，可同时获取目标的多维信息，在光电侦察、火控、制导等方面都有极其重要的军事价值，已成为目标成像探测的热点技术之一。

  本书是在作者多年从事光电成像目标探测技术教学、科研工作的基础上，针对战场复杂环境下的成像侦察需求，整理、精选课题组取得的科研学术成果，同时参考近年来国内外相关领域的最新研究成果，撰写而成的。全书在偏振成像探测基础理论研究基础上，重点研究了雾霾、水雾、云层、林地、荒漠等不同背景环境下不同目标的偏振特性与成像探测手段，介绍了偏振图像融合、增强、分割及检测等关键技术，对偏振成像探测在军事应用上的优势进行了验证，提出了不良气象条件下成像、揭示伪装目标、提取目标细节特征等的有效方法。

  全书共分为7章：第1章偏振成像探测技术基础，介绍光的偏振特性及其表征、偏振成像原理、偏振图像获取等基础知识；第2～7章分别阐述雾霾、水雾、云层、林地、荒漠等背景环境下不同目标的偏振特性分析及成像探测方法，以及利用典型军事应用对本书提出方法的试验验证，说明偏振成像探测在军事目标侦察中的应用优势。

本书由王峰、吴云智、杨钒、王勇撰写，朱虹、贾镕和尹璋堃在相关材料整理方面提供了无私帮助。本书内容的研究得到了 2 项国家自然科学基金、6 项武器装备预研项目等课题的资助，本书的出版得到了国家出版基金的资助，在此表示衷心的感谢。本书参考和引用了一些文献的观点和素材，在此向这些文献的作者表示衷心的感谢。

国防工业出版社对本书的撰写和出版给予了热情的支持，对此表示诚挚的感谢。书中有不妥之处，敬请读者批评指正。

作者
2020 年 9 月

目　录

第 5 章　林地背景伪装目标偏振成像探测技术

第 6 章　荒漠背景伪装目标高光谱偏振成像探测技术

第 7 章　潜指纹偏振成像探测技术

第1章

偏振成像探测技术基础

本章主要讲述偏振成像探测的理论基础。在偏振基本概念的基础上介绍斯托克斯（Stokes）矢量和琼斯（Jones）矢量两种偏振光的偏振表征方法，米勒（Mueller）矩阵和琼斯矩阵两种光学系统或传播介质的偏振表征方法，利用这些表征方法，可定量表征光从入射经目标再到达探测器的整个过程。利用偏振器件和探测器获取目标偏振图像，再对相关图像进行解析计算后，可得到目标反射/辐射光场的偏振度图、偏振角图等偏振信息。目前，目标偏振图像获取有分时旋转偏振成像、分孔径偏振成像、分振幅偏振成像和分焦平面偏振成像四种常见方法。

1.1 光的偏振特性及其表征

1.1.1 光的偏振特性

光波实质上是一种电磁波，完整描述光波需要电场强度 E、电位移密度 D、磁场强度 H 和磁通量密度 B 这 4 个参量[1]。当光与物质发生相互作用时，光波的电场对电子的作用力远比磁场对电子的作用力大得多，所以在这 4 个矢量中选用电场强度 E 来定义光波的偏振态。偏振是各种矢量波共有的一种性质，用电矢量 E 描述空间某一个固定点所观测到的矢量波随时间变化的特性。

偏振光可以分为自然光、部分偏振光、椭圆偏振光、线偏振光和圆偏振光，其中线偏振光和圆偏振光可以看成椭圆偏振光的两种特殊情况，这便是常说的 5 种偏振态[2]。

　　光波电矢量的振动在垂直于光传播方向上的取向无规则，这种光称为自然光或者非偏振光。自然光电矢量在各个方向上的振动之间无固定的相位关系，且各向振动的时间平均值相等。当自然光通过媒介发生折射、反射、吸收和散射后，某一方向的振动比其他方向占优势，其振动分布不再对称，这样的光称为部分偏振光，此时电矢量在各个方向上的振动之间仍然无固定的相位关系，但其中某一方向上 **E** 振动的时间平均值占相对优势。如果电振动矢量的大小和方向都作有规律的变化，其端点的轨迹是一个椭圆，这种光称为椭圆偏振光。迎着光传播的方向看，当光波电矢量端点顺时针绕过一个椭圆，这样的椭圆偏振光称为右旋椭圆偏振光；迎着光传播的方向看，当光波电矢量端点逆时针绕过一个椭圆，这样的椭圆偏振光称为左旋椭圆偏振光。

　　单色光在自由空间的传播过程中，如果电矢量振动方向保持不变，并只局限在某一确定平面内，这种光称为线偏振光或者平面偏振光，其特点是：①在垂直于光传播方向的任意平面上，**E** 的振动轨迹是一条方位不变的直线；②在传播过程中，**E** 的振动始终保持在一个确定的平面内。对于线偏振光，在垂直于光传播方向的平面上，可以分解为两个互相垂直的相位差，即 δ 为 0 或者 $\pm\pi$ 的整数倍的线偏振光。

　　如果电矢量的大小保持不变，并且方向绕传播方向转动，其末端在垂直于传播方向的平面上的轨迹是一个圆，这种光称为圆偏振光。对于圆偏振光，在垂直于光传播方向的平面上，可以分解为两个互相垂直的相位差，即 δ 为 0 或者 $m\pi/2$（$m=\pm1$，±3，±5，…）振幅相等的线偏振光。

　　图 1-1 给出了各种相位差的椭圆轨迹，可以看出，线偏振光和圆偏振光都可看作椭圆偏振光的特例。

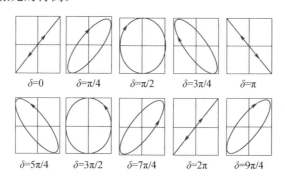

$\delta=0$　　$\delta=\pi/4$　　$\delta=\pi/2$　　$\delta=3\pi/4$　　$\delta=\pi$

$\delta=5\pi/4$　　$\delta=3\pi/2$　　$\delta=7\pi/4$　　$\delta=2\pi$　　$\delta=9\pi/4$

图 1-1　各种相位差的椭圆轨迹

1.1.2 斯托克斯矢量及琼斯矢量

1.1.2.1 斯托克斯矢量

斯托克斯矢量法是斯托克斯于 1852 年在关于部分偏振光的研究中提出的，用 4 个实数作为参数描述准单色（或单色）平面光波的各种偏振态。

斯托克斯矢量的 4 个参数分别用 S_0、S_1、S_2 和 S_3 表示，它包含了偏振光的振幅、位相以及偏振信息[3]。

斯托克斯矢量 $\boldsymbol{S}$ 的量纲是光强，4 个分量是光强度的时间平均值，其物理含义：S_0 表示总的入射光光强；S_1 表示 x、y 分量的光强差；S_2 表示 $45°$、$135°$分量的光强差；S_3 表示右旋、左旋圆偏振分量光强差。

$$\boldsymbol{S}=\begin{bmatrix}S_0\\S_1\\S_2\\S_3\end{bmatrix}=\begin{bmatrix}I_x+I_y\\I_x-I_y\\I_{45°}-I_{135°}\\I_r-I_l\end{bmatrix} \tag{1-1}$$

当然，也可以用椭偏率 χ 和椭圆方位角 ψ 来表示斯托克斯矢量：

$$\boldsymbol{S}=\begin{bmatrix}S_0\\S_1\\S_2\\S_3\end{bmatrix}=\begin{bmatrix}S_0\\S_0\cos(2\chi)\cos(2\psi)\\S_0\cos(2\chi)\sin(2\psi)\\S_0\sin(2\chi)\end{bmatrix} \tag{1-2}$$

描述偏振光的一个重要的参量是偏振度（degree of polarization），偏振度定义为全偏振分量的强度与该光波总强度的比值，用 DOP 表示：

$$\mathrm{DOP}=\frac{\sqrt{S_1^2+S_2^2+S_3^2}}{S_0} \tag{1-3}$$

此外，线偏振度（DOLP）和圆偏振度（DOCP）分别定义为

$$\mathrm{DOLP}=\frac{\sqrt{S_1^2+S_2^2}}{S_0} \tag{1-4}$$

$$\mathrm{DOCP}=\frac{S_3}{S_0} \tag{1-5}$$

偏振度（DOP）的值从非偏振光情况下的 0 到完全偏振光情况下的 1 之间变化，对于部分偏振光则取中间值。完全偏振光的偏振态可以是线偏振、圆偏振或者椭圆偏振，完全偏振光的斯托克斯矢量一定满足 $S_0^2=S_1^2+S_2^2+S_3^2$。

对于部分偏振光，可分解成完全偏振光和非偏振光之和：

$$\boldsymbol{S}=S_0\,\mathrm{DOP}\begin{bmatrix}1\\S_1/(S_0\,\mathrm{DOP})\\S_2/(S_0\,\mathrm{DOP})\\S_3/(S_0\,\mathrm{DOP})\end{bmatrix}+(1-\mathrm{DOP})S_0\begin{bmatrix}1\\0\\0\\0\end{bmatrix} \tag{1-6}$$

使用斯托克斯矢量时，通常对其光强归一，归一后的斯托克斯矢量为

$$\boldsymbol{S}=\begin{bmatrix}1 & \dfrac{S_1}{S_0} & \dfrac{S_2}{S_0} & \dfrac{S_3}{S_0}\end{bmatrix}^{\mathrm{T}} \tag{1-7}$$

1.1.2.2 琼斯矢量

1941 年琼斯用一个列矢量来表示电场矢量的 x、y 分量。单色偏振光可用互为正交的两个振动分量表示，这两个分量作为矢量的 x、y 分量元素，通常略去光频部分将偏振光矢量表示成下面的形式：

$$\begin{bmatrix}E_x\\E_y\end{bmatrix}=\begin{bmatrix}E_{x_0}\,\mathrm{e}^{\mathrm{i}\delta_1}\\E_{y_0}\,\mathrm{e}^{\mathrm{i}\delta_2}\end{bmatrix} \tag{1-8}$$

这个矢量称为琼斯矢量，它用来表示椭圆偏振光。琼斯矢量包含了光波振幅和位相信息，其中 E_{x_0}、E_{y_0} 表示光波电场振动在 x、y 轴方向上的振幅，δ_1、δ_2 分别是两个分量的位相。

通常把强度的平方根提到矢量前作为共同因子，这个归一化的矢量称为归一化琼斯矢量，它的强度单位是 1。

$$\begin{bmatrix}E_x\\E_y\end{bmatrix}=\begin{bmatrix}E_{x_0}\,\mathrm{e}^{\mathrm{i}\delta_1}\\E_{y_0}\,\mathrm{e}^{\mathrm{i}\delta_2}\end{bmatrix}=\sqrt{E_{x_0}^2+E_{y_0}^2}\begin{bmatrix}\cos\alpha\cdot\mathrm{e}^{\mathrm{i}\delta_1}\\\sin\alpha\cdot\mathrm{e}^{\mathrm{i}\delta_2}\end{bmatrix} \tag{1-9}$$

式中：$\cos\alpha=E_{x_0}/\sqrt{E_{x_0}^2+E_{y_0}^2}$；$\sin\alpha=E_{y_0}/\sqrt{E_{x_0}^2+E_{y_0}^2}$；$\alpha$ 为振幅比角，定义域为（0，$\pi/2$），$\tan\alpha$（$\tan\alpha=|E_{x_0}|/|E_{y_0}|$）称为振幅比。

当两束同频率、同方向传播的偏振光叠加时，可由琼斯矢量相加求得，合成后的偏振态与两束偏振光之间的绝对位相差值以及它们各自的光强有关。

1.1.3 米勒矩阵及琼斯矩阵

1.1.3.1 米勒矩阵

1929 年，P. Soleillet 将具有 16 个系数的线性函数和斯托克斯矢量联系起来，用以表示偏振光学系统。F. Perrin 和米勒进一步完善了这种描述光偏振态的方法，并称为斯托克斯-米勒（Stokes-Mueller）体系。偏振光学系统可

以看作是一种能对偏振光进行"转换"的偏振器件，在这种转换中涉及退偏、偏振状态的非纯态描述等。如式（1-10）米勒矩阵是一个 4×4 的矩阵，能给出琼斯矩阵无法处理的非纯态描述，可用于处理退偏类问题。米勒矩阵表示法建立在斯托克斯矢量基础上，可以完全描述偏振光在偏振光学系统中的传输[4]。

$$M = \begin{bmatrix} m_{00} & m_{01} & m_{02} & m_{03} \\ m_{10} & m_{11} & m_{12} & m_{13} \\ m_{20} & m_{21} & m_{22} & m_{23} \\ m_{30} & m_{31} & m_{32} & m_{33} \end{bmatrix} \tag{1-10}$$

入射波的斯托克斯矢量 S 右乘该系统的 4×4 阶米勒矩阵 M 便得到出射波的斯托克斯矢量 S'：

$$S' = M \cdot S \tag{1-11}$$

如果入射光依次通过多个光学器件或介质（这些光学器件或介质的米勒矩阵分别为 M_1，M_2，…，M_n），那么出射光的斯托克斯矢量 S' 为

$$S' = M_n \cdots M_4 M_3 M_2 M_1 S \tag{1-12}$$

当入射光通过偏振光学系统时，光的偏振态、传播方向、振幅以及位相都会发生变化，如果入射光的偏振信息已知，通过米勒矩阵就可以解得出射光的偏振态。米勒矩阵相当于一个过程量，将入射光和出射光联系起来，它的 16 个矩阵元反映光从初态到末态的偏振变化情况。

光学系统可分成非退偏系统和退偏系统，因此米勒矩阵也可以分成非退偏矩阵和退偏矩阵两类，分别用以描述非退偏光学系统和退偏光学系统。非退偏矩阵和退偏矩阵并不意味着一定增加或降低出射光的偏振度。对于入射光是部分偏振光的情况，非退偏米勒矩阵可能降低出射光的偏振度；同样，退偏米勒矩阵可能增加出射光的偏振度。

如前所述，非退偏光学系统既可以用琼斯矩阵描述，也可以用米勒矩阵描述，这样的米勒矩阵具有相对应的琼斯矩阵，又被称为米勒-琼斯矩阵、纯米勒矩阵、非退偏米勒矩阵或者确定性米勒矩阵。琼斯矩阵是 2×2 的复矩阵，包含 7 个独立的参数。Fry、Kattawar 指出与琼斯矩阵相对应的米勒-琼斯矩阵的 16 个矩阵元也满足 7 个独立的等式，其中最著名的一个等式是 $\sum_{i=0}^{3} \sum_{j=0}^{3} M_{ij}^2 = 4m_{00}^2$。

光学系统中的介质如果存在非线性、选择性吸收等现象时，系统就会具

有退偏效应，成为退偏系统。退偏系统的米勒矩阵因不存在相应的琼斯矩阵而不再是米勒-琼斯矩阵，通常被称为退偏米勒矩阵。退偏米勒矩阵具有 16 个自由度，其中有 7 个自由度与非退偏过程有关，其余 9 个自由度与退偏过程有关。

偏振光学系统或者介质的米勒矩阵不仅与其固有特性，还与在坐标系中的位置相关。设介质在笛卡儿坐标系 xoy 中的米勒矩阵为 $\boldsymbol{M}$，在笛卡儿坐标系 $x'oy'$ 中的米勒矩阵为 $\boldsymbol{M}'$，坐标系 $x'oy'$ 是由坐标系 xoy 绕原点逆时针旋转 θ 角得到的，则 $\boldsymbol{M}$ 和 $\boldsymbol{M}'$ 有如下关系：

$$\boldsymbol{M}' = \boldsymbol{R}(-\theta)\boldsymbol{M}\boldsymbol{R}(\theta) \tag{1-13}$$

式中：$\boldsymbol{R}(\theta)$ 为转换矩阵，即

$$\boldsymbol{R}(\theta) = \begin{bmatrix} 1 & 0 & 0 & 0 \\ 0 & \cos(2\theta) & \sin(2\theta) & 0 \\ 0 & -\sin(2\theta) & \cos(2\theta) & 0 \\ 0 & 0 & 0 & 1 \end{bmatrix} \tag{1-14}$$

1.1.3.2 琼斯矩阵

当用琼斯矢量表征一束单色偏振光波时，偏振光学系统将用琼斯矩阵表示。琼斯矩阵是一个 2×2 的矩阵，它可表示光学系统对入射光偏振态的变换，即出射光琼斯矢量 $\boldsymbol{E}'$ 等于入射光琼斯矢量 $\boldsymbol{E}$ 右乘偏振光学系统的琼斯矩阵。

$$\boldsymbol{E}' = \boldsymbol{J} \cdot \boldsymbol{E} = \begin{bmatrix} j_{xx} & j_{xy} \\ j_{yx} & j_{yy} \end{bmatrix} \cdot \boldsymbol{E} \tag{1-15}$$

将入射光、出射光的琼斯矢量分别写成下面的形式：

$$\boldsymbol{E} = \begin{bmatrix} E_{x_0}\,\mathrm{e}^{\mathrm{i}\delta_1} & E_{y_0}\,\mathrm{e}^{\mathrm{i}\delta_2} \end{bmatrix}^{\mathrm{T}}$$
$$\boldsymbol{E}' = \begin{bmatrix} E'_{x_0}\,\mathrm{e}^{\mathrm{i}\delta'_1} & E'_{y_0}\,\mathrm{e}^{\mathrm{i}\delta'_2} \end{bmatrix}^{\mathrm{T}} \tag{1-16}$$

式中：E_{x_0}、E'_{x_0}、E_{y_0}、E'_{y_0} 分别为两束光波电场振动在 x 轴、y 轴方向上的振幅；δ_1、δ'_1、δ_2、δ'_2 分别为两束光波的两个分量的位相。

由式（1-15）和式（1-16），得

$$\begin{cases} E'_{x_0}\,\mathrm{e}^{\mathrm{i}\delta'_1} = j_{xx} \cdot E_{x_0}\,\mathrm{e}^{\mathrm{i}\delta_1} + j_{xy} \cdot E_{y_0}\,\mathrm{e}^{\mathrm{i}\delta_2} \\ E'_{y_0}\,\mathrm{e}^{\mathrm{i}\delta'_2} = j_{yx} \cdot E_{x_0}\,\mathrm{e}^{\mathrm{i}\delta_1} + j_{yy} \cdot E_{y_0}\,\mathrm{e}^{\mathrm{i}\delta_2} \end{cases} \tag{1-17}$$

可见，偏振光学系统的琼斯矩阵不仅与振幅有关，还与位相有关，琼斯矩阵是一个复矩阵。

只有非退偏光学系统才可以用琼斯矩阵表示，而米勒矩阵既可描述非退偏光学系统，也可描述退偏光学系统。因此仅有非退偏系统的米勒矩阵才有对应的琼斯矩阵，如表 1-1 所列，每个琼斯矩阵都有对应的米勒矩阵。同时由于米勒矩阵不包含光的位相信息，所以有可能会出现多个不同的琼斯矩阵对应于一个米勒矩阵的情况。

表 1-1　米勒矩阵和琼斯矩阵关系式

$M_{00} =$ $\frac{1}{2}\left(\lvert T_{xx}\rvert^2 + \lvert T_{xy}\rvert^2 + \lvert T_{yx}\rvert^2 + \lvert T_{yy}\rvert^2\right)$	$M_{01} =$ $\frac{1}{2}\left(\lvert T_{xx}\rvert^2 + \lvert T_{xy}\rvert^2 - \lvert T_{yx}\rvert^2 - \lvert T_{yy}\rvert^2\right)$
$M_{02} = \frac{1}{2}\left(T_{xx}T_{yx}^* + \mathrm{cc} + T_{xy}T_{yy}^* + \mathrm{cc}\right)$	$M_{03} = \frac{1}{2}\left[\mathrm{i}\left(T_{yx}T_{xx}^* - \mathrm{cc}\right) + \mathrm{i}\left(T_{yy}T_{xy}^* - \mathrm{cc}\right)\right]$
$M_{10} = \frac{1}{2}\left(\lvert T_{xx}\rvert^2 - \lvert T_{xy}\rvert^2 + \lvert T_{yx}\rvert^2 - \lvert T_{yy}\rvert^2\right)$	$M_{11} =$ $\frac{1}{2}\left(\lvert T_{xx}\rvert^2 - \lvert T_{xy}\rvert^2 - \lvert T_{yx}\rvert^2 + \lvert T_{yy}\rvert^2\right)$
$M_{12} = \frac{1}{2}\left[\left(T_{xx}T_{yx}^* + \mathrm{cc}\right) - \left(T_{xy}T_{yy}^* + \mathrm{cc}\right)\right]$	$M_{13} = \frac{1}{2}\left[\mathrm{i}\left(T_{yx}T_{xx}^* - \mathrm{cc}\right) - \mathrm{i}\left(T_{yy}T_{xy}^* - \mathrm{cc}\right)\right]$
$M_{20} = \frac{1}{2}\left(T_{xx}T_{xy}^* + \mathrm{cc} + T_{yx}T_{yy}^* + \mathrm{cc}\right)$	$M_{21} = \frac{1}{2}\left[\left(T_{xx}T_{xy}^* + \mathrm{cc}\right) - \left(T_{yx}T_{yy}^* + \mathrm{cc}\right)\right]$
$M_{22} = \frac{1}{2}\left(T_{xx}T_{yy}^* + \mathrm{cc} + T_{yx}T_{xy}^* + \mathrm{cc}\right)$	$M_{23} = \frac{1}{2}\left[\mathrm{i}\left(T_{yx}T_{yy}^* - \mathrm{cc}\right) - \mathrm{i}\left(T_{xx}T_{yy}^* - \mathrm{cc}\right)\right]$
$M_{30} =$ $\frac{1}{2}\left[\mathrm{i}\left(T_{xx}T_{yy}^* - \mathrm{cc}\right) + \mathrm{i}\left(T_{yx}T_{yy}^* - \mathrm{cc}\right)\right]$	$M_{31} = \frac{1}{2}\left[\mathrm{i}\left(T_{xx}T_{xy}^* - \mathrm{cc}\right) - \mathrm{i}\left(T_{yx}T_{yy}^* - \mathrm{cc}\right)\right]$
$M_{32} =$ $\frac{1}{2}\left[\mathrm{i}\left(T_{xx}T_{yy}^* - \mathrm{cc}\right) + \mathrm{i}\left(T_{yx}T_{yy}^* - \mathrm{cc}\right)\right]$	$M_{33} = \frac{1}{2}\left[\left(T_{xx}T_{yy}^* + \mathrm{cc}\right) - \left(T_{yx}T_{xy}^* + \mathrm{cc}\right)\right]$

注：cc 表示前一项的复共轭。

琼斯矩阵是和琼斯矢量相联系的运算，它们与电场的振幅及位相相关；米勒矩阵是和斯托克斯矢量联系的运算，斯托克斯矢量表示的是光强的信息。根据这些不同之处，琼斯矩阵和米勒矩阵这两种偏振光学系统表示方法之间存在的主要差异为：①米勒矩阵能处理包含退偏情况在内的问题，而琼斯矩阵则不能；②米勒矩阵是一种唯象理论，因此它不依赖于电磁理论，而琼斯矩阵是直接从电磁理论推出；③琼斯矩阵能保留偏振光位相的绝对信息，非常适合于处理两束相干光的并合问题，而米勒矩阵则不能。

这些差异决定了它们能够方便应用于不同的场合：涉及部分偏振光问题时，应采用米勒矩阵法；处理偏振光发生干涉效应时，选用琼斯矩阵法；如果光束之间表现为强度相加，则宜采用米勒矩阵法；如果光束之间表现为相干，则宜采用琼斯矩阵法。不过，在处理偏振光问题时，这两种方法并没有严格的界限，琼斯矩阵虽然是 2×2 的矩阵，看起来简单，但其元素是复数，这给矩阵运算带来了麻烦；米勒矩阵虽然是 4×4 的矩阵，看起来复杂，它的元素全是实数，且有不少元素因对称为零，计算起来并不十分困难。

1.2 偏振成像原理

由于偏振信息人眼不可感知，所以需要利用一定的偏振器件（如起偏器），对场景的偏振信息进行偏振调制，最终用包含偏振信息的强度图来表征偏振图像，称为偏振成像。在偏振成像中，多利用偏振片作为起偏器。

偏振片是吸收某方向光振动，而让与其垂直方向（透光轴方向）的光振动通过的装置，偏振片及偏振图像的获取如图 1-2 所示。

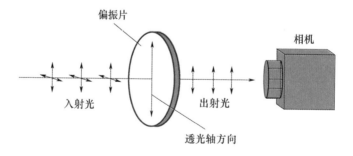

图 1-2　偏振片及偏振图像的获取

1943 年米勒发现，光束与物质相互作用后，其入射光束的斯托克斯参量与出射光线的斯托克斯参量成线性函数关系，即

$$S=MS_{in}$$

$$(1\text{-}18)$$

式中：M 为米勒矩阵，反映了这种物质的偏振特性。

绝大部分自然物体反射光线中的 S_3 分量都极其微小，一般工程探测和计

算中认为 S_3 分量近似为 0。所以，工程探测中，只需选用线偏振片对入射光场进行调制，再通过多次探测可解析出入射光光场的斯托克斯矢量。

设透光轴与参考坐标夹角为 α 的线偏振片，其米勒矩阵为

$$\boldsymbol{M}_P = \frac{1}{2}\begin{bmatrix} 1 & \cos(2\alpha) & \sin(2\alpha) & 0 \\ \cos(2\alpha) & \cos^2(2\alpha) & \cos(2\alpha)\sin(2\alpha) & 0 \\ \sin(2\alpha) & \cos(2\alpha)\sin(2\alpha) & \sin^2(2\alpha) & 0 \\ 0 & 0 & 0 & 0 \end{bmatrix} \tag{1-19}$$

则根据式（1-19），斯托克斯参量为 $\boldsymbol{S}_{\text{in}}$ 的偏振光经过此偏振片后的斯托克斯参量为

$$\boldsymbol{S} = \begin{bmatrix} I \\ Q \\ U \\ V \end{bmatrix} = \boldsymbol{M}_P \boldsymbol{S}_{\text{in}}$$

$$= \frac{1}{2}\begin{bmatrix} 1 & \cos(2\alpha) & \sin(2\alpha) & 0 \\ \cos(2\alpha) & \cos^2(2\alpha) & \cos(2\alpha)\sin(2\alpha) & 0 \\ \sin(2\alpha) & \cos(2\alpha)\sin(2\alpha) & \sin^2(2\alpha) & 0 \\ 0 & 0 & 0 & 0 \end{bmatrix}\begin{bmatrix} I_{\text{in}} \\ Q_{\text{in}} \\ U_{\text{in}} \\ V_{\text{in}} \end{bmatrix}$$

$$\tag{1-20}$$

则

$$I = \frac{1}{2}\left[I_{\text{in}} + Q_{\text{in}}\cos(2\alpha) + U_{\text{in}}\sin(2\alpha)\right] \tag{1-21}$$

改变偏振片透光轴与所选参考坐标的夹角，夹角 α_1、α_2 和 α_3 分别为 $0°$、$60°$和$120°$，代入式（1-21），可解析出目标的线偏振态斯托克斯参数为

$$I = \frac{2}{3}\left[I_{\text{in}}(0°) + I_{\text{in}}(60°) + I_{\text{in}}(120°)\right] \tag{1-22}$$

$$Q = \frac{2}{3}\left[2I_{\text{in}}(0°) - I_{\text{in}}(60°) - I_{\text{in}}(120°)\right] \tag{1-23}$$

$$U = \frac{2}{\sqrt{3}}\left[I_{\text{in}}(60°) - I_{\text{in}}(120°)\right] \tag{1-24}$$

线偏振度 P 和偏振角 A 可表示为

$$P = \frac{\sqrt{Q^2 + U^2}}{I} \tag{1-25}$$

$$A = \frac{1}{2}\arctan\frac{U}{Q} \tag{1-26}$$

1.3 偏振图像获取

1.3.1 分时旋转偏振成像

分时旋转偏振成像是通过旋转偏振分析器件和滤光片的方式，变换不同的偏振方向，分时获取目标的多方向和多光谱偏振信息，从而生成目标的不同光谱波段偏振图像。

分时旋转偏振成像系统主要由光学镜头、滤光片/偏振片转轮、CCD 探测器、电机、图像控制采集处理单元等部分构成。光学镜头汇聚来自目标的光线，保证成像于探测器光敏面上；不同波段图像的获取采用滤光片的方式，将多个不同波段的滤光片嵌入滤光片转轮中，旋转转轮达到切换波段的目的；滤光片转轮后安装偏振片转轮，将多个方向的偏振片镶嵌在偏振片转轮中的相应位置，旋转偏振片转轮达到改变偏振方向的目的；电机在控制软件的控制下，控制转动滤光片/偏振片转轮，获取不同波段条件下的不同偏振角图像；图像控制采集处理单元采集原始偏振图像，并进行相应处理[6,8]。分时旋转偏振成像系统组成如图 1-3 所示。

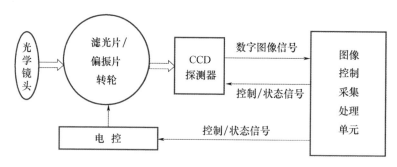

图 1-3 分时旋转偏振成像系统组成

分时旋转偏振成像采用转轮分时采集的方式，由于成像体制为单镜头分时成像，因此主要用于对雾中目标、伪装目标、目标毁伤特征等静止类战场目标进行成像探测，以获取目标的准确情报信息，提高探测装备对战场目标尤其是特殊目标的成像探测能力，改善探测效果。该方法的优点在于仅采用了单个探测器就能采集多波段多偏振方向图像，成本较低，不足之处是实时性较差，在不同时段对偏振信息采集会产生一定误差。

1.3.2 分孔径偏振成像

分孔径偏振成像是由几个独立的成像单元形成阵列，通过平行一致的光学系统同时获取目标的多个偏振方向图像（一般为三个偏振方向图像）[5]。

分孔径偏振成像系统一般由三组偏振成像光学镜头、偏振分析器和 CCD 探测器，以及控制采集处理单元构成，多路平行同时偏振成像体制示意图如图 1-4 所示。

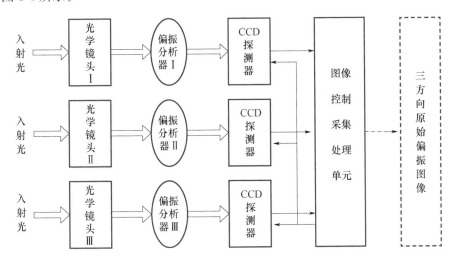

图 1-4 多路平行同时偏振成像体制示意图

每个光学镜头、偏振分析器和 CCD 探测器组合设计为一个独立的偏振探测模块。三组偏振探测模块排列紧凑，一般采用 L 形结构设计，相互之间独立，既保证三组偏振探测模块的空间坐标彼此间有一维坐标值相等，又有助于图像配准，同时有助于实现整个成像系统的轻小型化。控制采集处理单元由采集模块、控制模块和偏振信息合成/压缩模块组成，主要完成目标偏振信息的探测与采集、偏振图像信息的合成与压缩处理等功能。

分孔径偏振成像的特点是实时采集和处理偏振图像信息，处理速度快，能够对战场机动目标进行实时成像探测，但是由于采用了三组偏振探测模块，因此给后续的图像配准带来一定的困难[6]。

1.3.3 分振幅偏振成像

分振幅偏振成像是利用分光棱镜和光路保偏技术，对获取的单路光线进行能量均分，再利用三个偏振片和探测器同时获取目标三个偏振方向的偏振图像，进而解析出目标的偏振信息[7]。

分振幅偏振成像系统采用同时分光结构，即一路光进入光学系统入瞳处，经过分光棱镜分成三路，各光路光能和光谱保持一致。每一路均由三个偏振片（偏振方向分别为 0°、60°和 120°）和三个独立的面阵 CCD 成像单元组成，实时获取目标的偏振图像，即通过同时分光结构将一路入射光均匀地分成三路完全相同的入射光，经过偏振片送至 CCD 探测器，同时完成 0°、60°、120°三个方向的偏振图像获取。控制/采集模块主要完成信号的控制采集、CCD 驱动等功能；合成/压缩处理模块主要完成三方向偏振原始信息的合成处理以及将合成后的图像进行压缩处理。单路分光同时偏振成像系统工作原理如图 1-5所示。

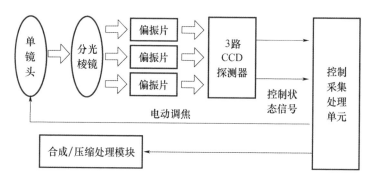

图 1-5 单路分光同时偏振成像系统工作原理

该系统可以高速采集并实时处理所获目标偏振信息。同时具备一定的抗冲击、抗振动、抗过载能力，能够适应导弹发射和飞行过程中的冲击、振动、过载。可装载在导弹平台上，能够提高导弹对目标检测能力，特别是在不良天气下的目标识别率[8]。

分振幅偏振成像由于三路光学系统完全一致，三个方向的图像间差异很小，配准的工作量较小，为后续的解析处理节省了时间，所以具有较好的实时性，可以高速采集并实时处理所获目标偏振信息。但由于采用同时分光结构和多探测器的偏振探测方案，该系统存在以下问题：一是系统体积重量较大，系统制造成本较高；二是由于存在加工误差，各光路的光学系统性能存在一定的差异，导致获得图像之间存在差异；三是由于采用多探测器分光路探测，探测器的响应不一致，导致复原出目标景物的偏振信息存在一定复原误差[9]。

1.3.4 分焦平面偏振成像

分焦平面偏振成像将微偏振阵列直接耦合至探测器光敏面元上，焦平面上一个像元对应一个微偏振元件，来实现多方向偏振同时成像。目标辐射光线进入的方向依次是光学成像镜头、微偏振阵列及探测器[10-11]。

分焦平面偏振成像阵列如图 1-6 所示，每四个像元组成一个 2×2 的阵列，一对一分别匹配焦平面前的 $0°$、$45°$、$90°$、$135°$ 四个微偏振片，每个 2×2 的阵列可同时获得四个偏振方向的偏振信息响应。通过这种方式，焦平面上的每四个像元可融合为单个偏振成像探测像元，从而实现对目标的同时偏振成像探测。在偏振成像解算时，利用当前像元及其周围像元的响应得到该像元不同偏振方向的偏振分量，进而解算出入射光的斯托克斯矢量、偏振度和偏振角等信息。

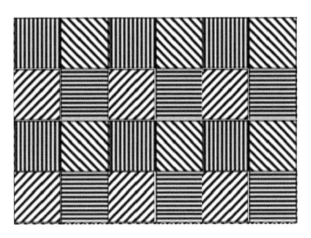

图 1-6 分焦平面偏振成像阵列

分焦平面偏振成像可以同时获取入射光不同偏振方向的偏振分量，故既可以对静态场景成像又可以对动态场景成像，不存在视场偏差，而且结构紧凑，体积小，但是这种成像方式的偏振消光比一般不太高[12]。

参考文献

[1] 赵凯华，钟锡华. 光学 [M]. 北京：北京大学出版社，1984.

[2] SONI J，PURWAR H，GHOSH N. Quantitative polarimetry of plasmon resonant sphe-roidal metal nanoparticles：A Mueller matrix decomposition study [J]. Optics Commu-

nications，2012，285（6）：1599-1607.

[3] 刘敬，夏润秋，金伟其，等．基于斯托克斯矢量的偏振成像仪器及其进展 [J]．光学技术，2013，39（01）：56-62.

[4] ANDERSON R. Measurement of Mueller matrices [J]．Applied Optics，1992，31（1）：11-13.

[5] 万钇良．红外分孔径偏振成像技术研究 [D]．北京：中国科学院大学，2019.

[6] 贺虎成．分孔径同时偏振成像光学系统的研究 [J]．中国光学，2013，6（06）：803-809.

[7] 程敏熙，何振江，黄佐华．分振幅法偏振光斯托克斯参量测量系统 [J]．光电工程，2008（05）：93-97.

[8] 高天元，周扬．分振幅偏振成像实验装置的研究 [J]．长春理工大学学报（自然科学版），2017，40（03）：9-12.

[9] 杜西亮．基于振幅分割的光偏振测量技术的研究 [D]．哈尔滨：哈尔滨工业大学，2007.

[10] 闫羽．微偏振片阵列型长波红外成像系统标校方法研究 [D]．合肥：合肥工业大学，2019.

[11] 许洁．一种新型实时偏振成像系统设计 [D]．西安：西安电子科技大学，2017.

[12] 罗海波，刘燕德，兰乐佳，等．分焦平面偏振成像关键技术 [J]．华东交通大学学报，2017，34（01）：8-13.

第2章

2

雾霾环境目标偏振成像探测技术

很多天气现象会使探测系统得到的图像产生严重的退化，如降水现象、地面凝结和冻结现象、视程障碍现象、大气光象、风暴现象、积雪和结冰等，这些是大气中发生的各种物理过程的综合结果。其中对视觉系统影响严重的一类天气现象是视程障碍现象。它包括雾类（大雾、轻雾），沙尘类（沙尘暴、扬沙），烟尘类（浮尘、烟幕、霾），吹雪类（吹雪、雪暴）等9种。其中，尤以雾和霾出现频繁、区域广泛而受到重视[1-5]。

雾和霾会造成能见度降低，使得景物细节特征模糊或丢失，对交通、探测、遥感、户外监控、军事侦察等活动产生很大影响。另外，随着计算机视觉与图像处理技术的发展，上述各种活动也越来越依赖于各种探测器所获得的图像输入。雾和霾会使得各种探测器得到的图像对比度大幅下降、目标细节特征模糊甚至丢失，严重影响了后继的图像分析与理解。在战场上，雾和霾使得探测距离大大缩减，对战场情报的掌握变得困难。对于防守方，无法及时判断攻方采取的行动，贻误战机；对于进攻方，能见度低使得精确打击无法奏效，进攻效率低下。因此，对恶劣天气退化图像的复原与增强技术的研究，具有重要的现实意义。

2.1 雾霾天气偏振成像机理与特性分析

2.1.1 雾霾天气成像退化机理与退化模型

2.1.1.1 雾与霾

在晴朗干燥的天气下，空气中的主要粒子是气体分子，直径与浓度很小，对于成像的影响较小，因此晴好天气下能见度高，成像质量好。而在一些恶劣的天气条件下，大气中会出现大量比气体分子大得多的粒子，这些粒子会使成像光线产生严重的退化，造成图像质量下降，信息丢失。这类对成像造成较大影响的天气有 9 种。其中，雾和霾类出现的频率远远高于其他恶劣天气。

雾类分为轻雾和雾。

轻雾是指空气层中悬浮着微小水滴或吸湿性潮湿粒子，使地面水平能见度在 1~10km 之间的天气现象。轻雾也曾称为"霭"。轻雾的能见度范围与霾基本相同，而且粒子半径也基本相同。事实上，如果大气相对湿度较高且霾粒子中含有大量吸湿性粒子，霾很容易转变成轻雾。

雾指的是近地面的空气层中悬浮着大量微小水滴（或冰晶），使水平能见度降到 1km 以下的天气现象。雾粒子的半径一般为 $1~15\mu m$，典型的雾粒子半径为 $12\mu m$ 左右。

霾在大气科学名词辞典中的定义为：悬浮在空中肉眼无法分辨的大量微粒，使水平能见度小于 10km 的天气现象。霾的粒子多为固体气溶胶，如烟尘颗粒、盐的颗粒等。霾粒子种类很多，成分复杂，甚至不同地区的霾粒子可能完全不同。但是，霾粒子的半径一般为 $0.01~1\mu m$。

近年来，随着城市污染的不断加剧，霾这种天气的出现越来越频繁。例如，20 世纪 60 年代，南京每年的霾仅有几次，而到了 1991 年，就超过了 100 次，最多的 2013 年霾日高达 242 次。

2.1.1.2　雾霾天气图像退化的主要因素

雾霾对于成像的影响，主要是因为粒子对于光线的吸收与散射作用。通过图像退化的表现，主要考虑以下三个退化因素。

1. 目标信息的衰减

图像中，目标成像来自于目标反射的光线，称为景物辐射。景物辐射是最有意义的信息，但是，在景物辐射经过雾霾大气时，会被雾霾粒子吸收和散射，造成能量的损失。在图像上的表现是目标能量的衰减。这种衰减会使得目标内部的对比度降低，目标的细节可能丢失，造成信息损失。

2. 大气光噪声

除了景物辐射的衰减之外，雾霾大气中粒子的成像也是图像退化的重要因素。雾霾的粒子半径较气体分子要大得多,因此对光的散射也更明显。当光源发出的光线直接照射在这些粒子上面,其散射光线可能直接到达探测器并成像。这种由大气粒子直接散射到探测器的光称为大气光。粒子半径越大、浓度越高,大气光也就越强。从信息的角度来看,大气光的成像实际是一种加性噪声。当这种加性噪声能量很高时,会明显降低图像的对比度。如果目标距离较远,景物辐射经过衰减后远远小于大气光噪声,那么,很可能造成景物信息的丢失。

3. 目标成像的散射模糊

由于大气中的粒子是以群体的形式出现,所以目标的成像光线在经过多次散射之后,可能会通过不同的光路,最终仍然到达探测器成像。但是其成像点可能偏离原目标点,因此可能造成图像中的目标模糊。图像散射模糊的形成如图 2-1 所示。

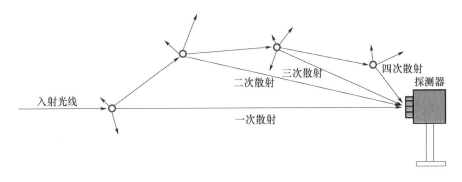

图 2-1 图像散射模糊的形成

粒子的浓度越高,散射的次数就越多,成像光线的能量就越分散,散射模糊就越明显。

图 2-2 是同一场景在雾天以及晴好天气下用同一成像装置获取的图像。通过对比,可对恶劣天气下图像衰减有一个感性认识。

雾霾天气对于成像影响较为精确的数学描述,可以通过大气退化模型来实现。

2.1.1.3 大气退化模型

大气对于成像的影响过程极为复杂,因素也很多,建立一个完整而精确的数学模型来描述这个过程在现在几乎是不可能的。但是,多年以来,一直有大量的科学家在致力于此方面研究,并建立了一些简化的、可实际应用的数学模型,来描述大气退化过程。通过分析退化原因及过程,选择适用的数学模型,即可对退化图像进行一定程度的复原。

(a)   (b)

图 2-2　雾天成像与晴好天气下成像

(a) 雾天成像；(b) 晴好天气成像。

最为常见的大气退化模型有大气传递函数模型、大气散射模型和 Oakley 模型。由于 Oakley 模型在实际中应用并不多，因此仅对大气传递函数模型和大气散射模型做简要介绍。

1. 大气传递函数模型

在大气传递函数模型（图 2-3）中，退化过程被模型化为一个退化函数 H 和一个加性噪声 $n(x, y)$。输入图像 $f(x, y)$ 经过退化和加噪，产生退化图像 $g(x, y)$。如果知道退化函数 H 和噪声 $n(x, y)$ 的一些信息，就可以有针对性地建立复原滤波器，由退化图像 $g(x, y)$ 获得对原始图像的近似估计 $\hat{f}(x, y)$。针对不同的 H 和 $n(x, y)$，可构建不同的复原滤波器，以使复原效果最好。

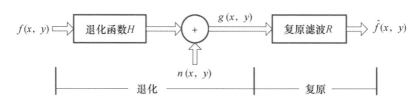

图 2-3　大气传递函数模型

如果 H 是线性空间不变系统，则图像退化的数学表示如下：

$$g(x,y)=h(x,y)*f(x,y)+n(x,y) \tag{2-1}$$

式中：$h(x, y)$ 为 H 的系统冲击响应，也称为点扩散函数（PSF）；"$*$" 为空间卷积。

式（2-1）在频域上的表示为

$$G(u,v)=H(u,v)F(u,v)+N(u,v) \tag{2-2}$$

其中，大写字母各项是式（2-1）中对应项的傅里叶变换。

同样，复原过程可表示为

$$\hat{f}(x,y)=r(x,y)*g(x,y) \tag{2-3}$$

$$\hat{F}(u,v)=R(u,v)G(u,v) \tag{2-4}$$

2. 大气散射模型

大气散射模型从散射的角度描述了图像退化的过程，认为图像信息是由大气光信息以及经过正透射衰减的景物辐射构成的，并对这两种信息进行了数学描述。如图 2-4 所示为对大气散射模型。为了保持模型的完整性，仍保留了对于模型中各元素的说明。

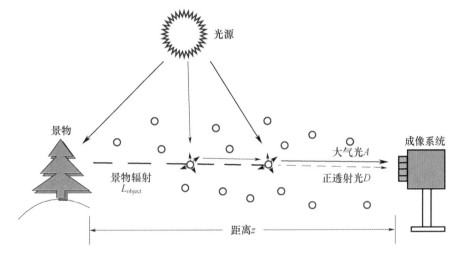

图 2-4　大气散射模型

1）衰减模型

光线在大气中传播时，会受到大气中粒子的散射和吸收而呈指数衰减。把物体的成像光线（即受物体反射而射向探测器的光线）称为景物辐射 L_{object}，把经过正透射后到达探测器的成像光线称为正透射光 D，则

$$D=L_{object}e^{-\beta(\lambda)z} \tag{2-5}$$

式中：z 为成像系统与场景的距离；$\beta(\lambda)$ 为光的散射系数。

2）大气光模型

当在开阔的视野下观察的时候，会发现在地平线上方附近即使没有景物，仍会是明亮的白色。这一现象一般也称为大气光，产生的原因是由于光线被大气粒子散射到达观测者，称为后向散射。大气光是引起图像退化的一个重要原因，其能量表示如下：

$$A = A_\infty \left[1 - e^{-\beta(\lambda)z} \right] \tag{2-6}$$

式中：A_∞ 为无穷远处对应的大气光强度。

因此，通过成像系统得到的图像信息 I_{total} 主要由两部分构成：景物辐射 L_{object} 经过衰减后的正透射光 D 和直接由大气散射产生的大气光 A，即

$$I_{total} = D + A \tag{2-7}$$

2.1.2 雾霾天气偏振成像特点分析

雾霾天气的偏振成像，兼备偏振成像与雾霾天气成像两方面的特点。

1. 一次多像

一次偏振成像，包含数个偏振方向上的多幅图像。对这些不同偏振方向上的图像进行偏振信息合成后，才能够得到场景完整的偏振信息。由于偏振信息的合成是逐点进行的，因此，要求拍摄的多幅图像要完全对准。

2. 双重衰减

雾霾天气下拍摄的多偏振方向偏振图像，每一方向偏振图像都经过大气退化，且在经过偏振片后，能量又被极大衰减，这是因为偏振片滤掉了与主透方向相正交方向上的光矢量。偏振片造成的能量衰减，可以经过多幅图像的合成来弥补，而对于大气产生的退化，偏振信息合成无能为力。

3. 包含偏振信息

偏振成像与普通可见光成像最本质的差别就在于偏振成像包含场景的偏振信息。雾霾天气的偏振成像，不仅包含目标的偏振信息，也包含了大气的偏振信息。

2.2 雾霾天气偏振图像复原算法

雾霾天气造成图像退化的主要因素有以下三点：目标信息的衰减、大气光噪声、目标成像的散射模糊。本节在对图像偏振信息分析的基础上，利用大气光的偏振特性对其强度进行估计，并将大气光噪声从图像中去除；同时，利用估计的大气光强度，对图像目标信息的衰减进行估计并加以补偿；最后，对雾霾天气散射模糊进行分析，并利用大气传递函数模型对图像进行复原。

2.2.1 雾霾天气图像退化的主要因素及偏振特性分析

由于雾霾天气大气粒子散射一般看作米散射，因此，本节首先对米散射的特点及偏振特性进行介绍；其次对图像中大气光的产生及其偏振特性进行讨论；紧接着分析雾霾天气景物信息的衰减及偏振特性；最后对散射模糊及其偏振特性进行分析。

2.2.1.1 米散射的特性

米散射理论是德国科学家 Gustav Mie 于 1908 年在总结了前人工作的基础上提出的。米散射理论用经典波动光学理论的麦克斯韦方程组，加上适当的边界条件，解出了任意直径、任意成分的均匀球型粒子的散射光强角分布的严格数学解。目前各种光散射测粒技术的基本原理主要是基于米散射理论及其近似结论。

在散射中定义尺度系数 $\alpha = 2\pi r/\lambda$，其中 r 为粒子半径，λ 为入射光波长。经过前人大量的实验总结，一般在 $1 < \alpha < 20$ 时，认为散射遵守米散射模型。

米散射是针对均匀球形粒子的模型，而霾粒子为各向异性的不规则粒子，雾粒子多为类球体的小水滴，因此，雾霾粒子的散射不能用米散射精确描述。但是经过大量的实验与观测，发现雾霾等大气粒子散射特性接近同尺寸均匀球体的散射特性，因此，在不需要精确求解的情况下，用米散射来描述大气粒子散射，特别是定性地研究其散射特性是可行的[12-13]。

1. 散射特点[14]

根据米散射理论，可以得到米散射光强与不同粒子尺度的关系，如图 2-5 所示。

从图 2-5 中 6 个散射图像，可以清楚地看出散射强度随着粒子尺度的变化趋势。图 2-5（a）中，当粒子尺度 α 很小时，垂直散射振幅函数 $i_1(\theta)$ 和水平散射振幅函数 $i_2(\theta)$ 明显呈现对称性，这就是瑞利散射的表现。而在图 2-5（b）～（f）中随着粒子尺度系数 α 的逐渐增大，这种对称性被破坏了。散射光强越来越集中到前向散射方向，并且散射光强集中的角度越来越窄，这就是米散射的表现。

可以将米散射的特点总结如下：

（1）光强度随角度的分布变得十分复杂。粒子相对波长的尺度越大，分布越复杂。

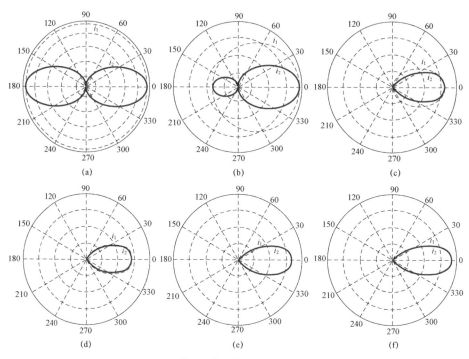

α—粒子尺度系数；n—粒子折射率。

图 2-5 米散射光强与不同粒子尺度的关系

(a) α=0.05，n=1.33；(b) α=0.5，n=1.33；(c) α=0.9，n=1.33；

(d) α=1.5，n=1.33；(e) α=2.0，n=1.33；(f) α=5.0，n=1.33。

（2）当粒子的尺度加大时，前向散射与后向散射之比随之增加。

（3）当粒子的尺度比波长大时，散射过程和波长的依赖关系就不密切了。

2. 米散射偏振特性

米散射偏振态的变化可由图 2-6 直观地说明[11]。

结合图 2-6 对米散射的偏振特性进行定性描述：入射光的电场振动在散射中心的分子中感生出一些振动电极矩，而振动电极矩所产生的电磁波就是散射光。其中：一方面，电极矩的振动方向和散射光的电场方向都与入射光的电场方向相同，这样，由于图 2-6 中入射光只含有 x 方向和 y 方向的电场，所以所有散射光只能有这两个方向的电场分量，而不可能含有 z 方向的电场分量；另一方面，光的横波性质决定了其电场分量必须在垂直于传播方向的平面内。综合以上两个方面，某一方向上的散射光的偏振状态可以这样确定：把入射光电场振动的 x 分量和 y 分量分别投影到该方向散射光的波面上，所

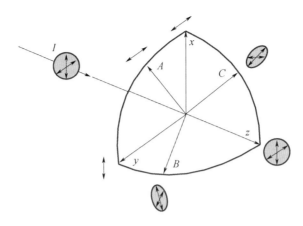

图 2-6　米散射偏振态的变化

得到的两个电场振动分量便决定了散射光的偏振状态。例如图 2-6 中，沿 z 方向散射的光因波面平行于 x-y 平面，x、y 振动分量的相对关系与入射光相同，因而其偏振态与入射光相同。沿 x 方向散射的光因波面平行于 y-z 平面，x 振动分量的投影为零，所以该散射光是沿 y 方向的线偏振光。对于沿图中 A 方向散射的光，虽然入射光的 x、y 振动分量都在波面上有投影，但两个投影方向相同，均平行于 x-y 平面与波面的交线，所以它也是线偏振光。对于沿 B 方向散射的光，因波面平行于 x 轴而与 y 轴有一个夹角，所以 x 振动方向的投影大小大于 y 振动的投影大小，形成了 x 振动分量较大的部分偏振光。

2.2.1.2　大气光的产生及其偏振特性

大气光定义为光源发出的光线中由于大气中粒子的散射直接到达探测器的那部分光线。图 2-7 为大气光的产生及偏振态。光路中存在大量粒子（p_1、p_2 和 p_3）。这些粒子对大气光有两方面的作用：

（1）粒子散射光源发出的光线。其中属于此光路的散射光线对此光路大气光强有所增强。

（2）光路上经过此粒子的大气光发生散射且被衰减。即粒子产生新的大气光同时对之前的大气光具有衰减作用。

为更好地说明大气光的形成及特性，分别画出光路中三个粒子 p_1、p_2 和 p_3 产生的大气光，大气光光路分解如图 2-8 所示。

以粒子 p_1 为例。光源发出的光照射在 p_1 上，在光路上产生初始光强为 I_0 的大气光，标记为 A_1。设此粒子距离探测器距离为 z_1，则可知到达探测器时 A_1 的强度为

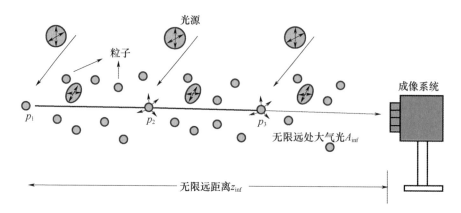

图 2-7　大气光的产生及偏振态

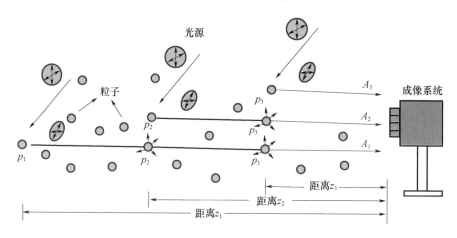

图 2-8　大气光光路分解

$$I_1 = I_0 \mathrm{e}^{-\beta(\lambda) z_1} \tag{2-8}$$

一般地，距离探测器 z 处的粒子，对大气光的贡献为

$$I_z = I_0 \mathrm{e}^{-\beta(\lambda) z} \tag{2-9}$$

则观测到的距离 z 上的大气光总强度 A_z 可表示为

$$A_z = \int_0^z I_0 \mathrm{e}^{-\beta(\lambda) \mathrm{d} z} \tag{2-10}$$

如果设观测到的无穷远处的大气光强为 A_∞，则可知

$$A_\infty = \int_0^\infty I_0 \mathrm{e}^{-\beta(\lambda) \mathrm{d} z} \tag{2-11}$$

可得

$$A_z = A_\infty \left[1 - \mathrm{e}^{-\beta(\lambda) z} \right] \tag{2-12}$$

太阳光经过大气层，散射过程将会改变气溶胶散射辐射的偏振特性，所

以大气光几乎都是部分偏振的。实验研究表明，大气气溶胶散射辐射由于受多次散射退偏作用的影响，不出现完全线偏振，偏振度不会达到 100%，总是部分偏振光[15]。

如果光源为自然光源（如太阳光），则粒子散射光线的偏振态只与散射角有关。光路内的散射均为前向散射，因此粒子贡献的大气光偏振态在光路中不变。如果光源为平行光源，则光路内各粒子大气光的散射角相等，因此光路内大气光偏振态处处相同。如果大气中粒子特性单一且分布均匀，则可近似认为同一时刻内场景大气光偏振态处处相同。

2.2.1.3 景物信息的衰减及其偏振特性

在大气散射模型中，正透射光指的是光源发出的光被景物反射，经大气散射衰减后到达探测器的前向散射光线。图 2-9 是正透射的衰减及偏振态。由式（2-5）可知，其强度随着距离的增加而成指数衰减。其原始偏振状态由景物自身特性决定。由于到达探测器的光线为前向散射光线，由米散射特性可知，其偏振度没有发生改变。因此，正透射光的偏振状态与景物辐射光线一致。

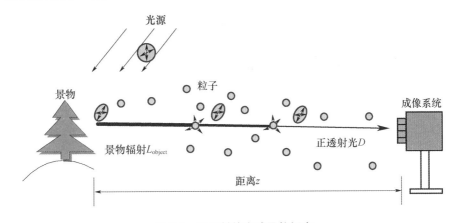

图 2-9　正透射的衰减及偏振态

2.2.1.4 散射模糊及其偏振特性

由于第二次以上的散射光都偏离了正透射方向，因此，它们到达探测器时的成像位置并不确定。理论上说，每次散射都会造成一个较大的能量散布区域，但由于米散射的能量主要集中在前向散射即透射方向上，因此二次以上散射的能量也主要分布在透射方向附近，而其他方向由于散射能量小、散射次数较多，衰减较大，可以不予考虑。

由以上分析可知，大气散射会使得像点多次成像，且能量主要分布在像点附近，造成成像模糊。成像光线散射能量分布如图 2-10 所示。

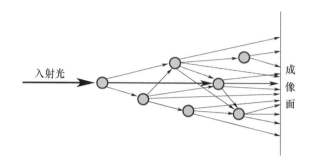

图 2-10　成像光线散射能量分布

从实际拍摄的图片（图 2-11）来看，粒子密度越大，像点能量分布越广，模糊程度越高。

（a）　　　　　　　　　　　　　（b）

图 2-11　雾霾天气场景的模糊

（a）大雾天气场景图像；（b）霾天气场景图像。

从米散射的偏振特性来看，各个方向上的散射光偏振态都不一样。但是，由于各方向上的散射光强度远远小于此方向上像点的正透射光强度，因此，在考虑成像光线的偏振态时，仍以正透射光的偏振态为主。

2.2.2　雾霾天气偏振图像景物信息复原

2.2.2.1　偏振特性的大气光噪声估计与分离

1.Schechner 大气光强度估计算法

Yoav Y. Schechner 根据大气光的偏振特性，提出了一种大气光的估计方法[6-7]。

由于景物正透射光经过了剧烈的衰减，在图像中的能量并不占优势，且景物正透射光的偏振度一般并不高，因此可以假设图像中景物的偏振度远远小于大气光的偏振度。可粗略认为探测器所接收到的偏振光由大气光贡献。据此，可由图像的偏振信息估算出图像中大气光噪声的强度。

根据光矢振动的优势方向，将大气光分解为相互正交的两个偏振分量 A_{max} 和 A_{min}，其中 A_{max} 代表优势方向上的量测，表征大气光中线偏振光成分，A_{min} 表征大气光中自然光成分的量测。依据同样的道理，可以将探测器接收到的光强 I_{total} 分解为两个正交的偏振分量 I_{max} 和 I_{min}。则 I_{total} 的组成如图 2-12 所示。

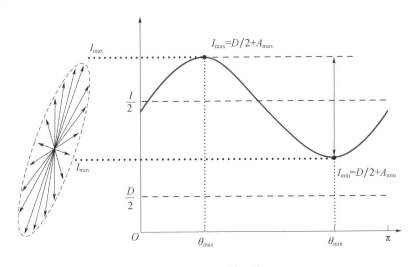

图 2-12 I_{total} 的组成

图 2-12 实际上表征了场景各个方向偏振图像的组成。从图中可以看出，不管是何偏振方向的图像，目标信息（即景物正透射）的能量都是 $D/2$。这是因为本书假设景物偏振度远远小于大气光偏振度，且能量不高，可近似看成自然光，所以通过偏振片后能量衰减为原先的一半。而图像中大气光噪声的能量随着偏振角度的变化而变化。如果偏振片主透方向与 A_{max} 方向相同，则此时通过偏振片的大气光能量最大，表现为图像中的大气光噪声最强。如果偏振片主透方向与 A_{min} 方向相同，则此时通过偏振片的大气光能量最小，表现为图像中的大气光噪声最弱。通过对这两个方向上偏振图像的比较与运算，可以估计出大气光噪声的强度。算法描述如下：

$$A = A_{max} + A_{min} \tag{2-13}$$

$$I_{total} = I_{max} + I_{min} \tag{2-14}$$

如果在探测器前放置一个线偏振片，其主透方向与 A_{max} 同向，则探测器得到的偏振图像可表示为

$$I_{max} = D_{max} + A_{max} \approx \frac{D}{2} + A_{max} \tag{2-15}$$

同理，可得到

$$I_{min} = D_{min} + A_{min} \approx \frac{D}{2} + A_{min} \tag{2-16}$$

求两幅图像能量之差，得

$$I_{max} - I_{min} = A_{max} - A_{min} \tag{2-17}$$

根据偏振度的定义，可知大气光偏振度为

$$P_A = \frac{A_{max} - A_{min}}{A_{max} + A_{min}} = \frac{A_{max} - A_{min}}{A} \tag{2-18}$$

因此，大气光的强度可以表示为

$$A = \frac{I_{max} - I_{min}}{P_A} \tag{2-19}$$

以上为 Yoav Y. Schechner 所提出的大气光估计算法。只要能够得到两个正交量测的场景偏振图像，并对大气光的偏振度 P_A 进行估计，即可计算出大气光噪声的强度。

但是，在实际当中，往往很难确定大气光的两个正交方向。而且，随着光源位置的变化，此方向也会随之变化，因此以上算法很难在实际当中应用。

2. 任意三方向偏振图像的大气光估计算法

定义场景总强度图像 I_{total} 的偏振度为 P，则

$$P = \frac{I_{max} - I_{min}}{I_{max} + I_{min}} = \frac{I_{max} - I_{min}}{I_{total}} \tag{2-20}$$

则式（2-19）可表示为

$$A = I_{total} \frac{P}{P_A} \tag{2-21}$$

因此，只要获取场景的偏振度 P，并估计大气光偏振度，即可以得到大气光的强度。而场景的偏振度可由场景的斯托克斯参量表示。只要获取场景任意三个偏振方向的图像，即可以算出场景的三个斯托克斯参量：I、Q、U。

从定义可知，$I_{total} = I$。由上面三个参量，可以得到场景的偏振度，并可进一步对大气光噪声进行估计。

2.2.2.2 景物信息的补偿

得到场景的大气光噪声 A 后，可计算景物的正透射能量：

$$D = I_{total} - A = I_{total}\left(1 - \frac{P}{P_A}\right) \quad (2\text{-}22)$$

由式（2-5）可得未衰减前的景物辐射信息为

$$L_{object} = \frac{D}{e^{-\beta(\lambda)z}} = I_{total}\left(1 - \frac{P}{P_A}\right)e^{\beta(\lambda)z} \quad (2\text{-}23)$$

由式（2-6）可得

$$e^{-\beta(\lambda)z} = 1 - \frac{A}{A_\infty} = 1 - \frac{I_{total}P}{A_\infty P_A} \quad (2\text{-}24)$$

代入式（2-24）可得，退化前的景物辐射信息为

$$L_{object} = I_{total}\left(1 - \frac{P}{P_A}\right)\left(\frac{A_\infty P_A}{A_\infty P_A - I_{total}P}\right) \quad (2\text{-}25)$$

式中：I_{total} 为场景总强度图像；P 为场景的偏振度，可通过场景的斯托克斯参量计算得到。因此，只要知道无穷远处大气光强度 A_∞ 及大气光偏振度 P_A，就可计算出场景未退化前的图像。

2.2.2.3　无穷远处大气光强及大气光偏振度的估计

在进行大气光估计以及正透射补偿的算法中，有无穷远处大气光强度 A_∞ 和大气光偏振度 P_A 两个参数需要进行估计。

1. 无穷远处大气光强估计

当距离 z 趋于无穷时，正透射光衰减也趋于无穷，此时探测器获取的光强即无穷远处大气光强。因此，可以用场景中接近地平线处天空的光强来近似无穷远处大气光的强度。

对于无穷远处大气光强度参数的自动获取，目前并没有很好的方法。Sarit Shwartz 曾提出一种利用不同距离上具有相同或相近反射性质的两个目标上的成像差异来估计无穷远处大气光的强度[10]。但是此方法的条件过于苛刻，很难在实际中进行应用。

2. 基于独立分量分析的大气光偏振度的估计

Sarit Shwartz 等利用盲信号分离的方法，通过独立分量分析的手段，实现了对 P_A 的自动获取[16]。

1）独立分量分析

假设有 M 个相互统计独立的零均值信号 $s_j (j = 1,2,\cdots,M)$；其矢量形式可表示成：$S(t) = [s_1(t), s_2(t), \cdots, s_M(t)]^T$。这些源信号对独立成分分析（ICA）系统来说是未知的，所能观测到的仅仅是它们 N 个不同的线性瞬时混合信号，即观测信号 $x_i (i = 1,2,\cdots,N)$；表示成信号矢量形式为 $X(t) =$

$[x_1(t), x_2(t), \cdots, x_N(t)]^T$，其中每个信号分量

$$x_i = \sum_j a_{ij} s_j(t) \qquad (2\text{-}26)$$

式中：$i = 1, 2, \cdots, N$；$j = 1, 2, \cdots, M$。

写成矩阵形式：

$$\boldsymbol{X}(t) = \boldsymbol{A}\boldsymbol{S}(t) \qquad (2\text{-}27)$$

式中：$\boldsymbol{A}$ 为一个未知的混合矩阵。ICA 的任务就是从观测信号中恢复独立的源信号，即找到一个分离矩阵 $\boldsymbol{W}$，$\boldsymbol{W} = (w_1^T, w_2^T, \cdots, w_N^T)^T$，使得

$$\boldsymbol{Y}(t) = \boldsymbol{W}\boldsymbol{X}(t) \qquad (2\text{-}28)$$

其中，各分量尽可能地统计独立。当满足以下条件时，$\boldsymbol{Y}(t)$ 成为对 $\boldsymbol{S}(t)$ 的一个估计：①源信号中最多只能有一个是高斯分布；②观测信号数目不小于源信号数目，这里只讨论观测信号数目等于源信号数目的情况，即 $M = N$；③$\boldsymbol{Y}(t)$ 与 $\boldsymbol{S}(t)$ 对应分量之间可以存在幅度上的比例系数和波形上的反转（相位差 $180°$）；④$\boldsymbol{Y}(t)$ 各分量与 $\boldsymbol{S}(t)$ 各分量相比可以存在次序的不同。对于幅度不确定性，可以通过假设源信号具有单位协方差矩阵来消除，相当于归一化各独立分量的能量。次序的不确定性和波形的反转从信号分离角度看不影响信号的信息量。

2）基于 ICA 的大气偏振度估计

偏振成像系统接收到的光 I_{total} 同样可分解为平行和垂直于入射平面的 I_{max} 和 I_{min} 两个偏振分量。可以将正透射光 D 和大气光 A 表示为

$$I_{max} = A(1 + P_A)/2 + D/2 \qquad (2\text{-}29)$$

$$I_{min} = A(1 - P_A)/2 + D/2 \qquad (2\text{-}30)$$

由 P_A、I_{max} 和 I_{min} 即可得到正透射光 D 和大气光 A，如果假设 D 和 A 为两个独立分量，则可使用 ICA 来进行两个信号的分离，P_A 的选取应使 D 和 A 的相关性最小。

（1）线性表示。将式（2-29）和式（2-30）改写成适用于 ICA 的线性形式：

$$\begin{bmatrix} I_{max} \\ I_{min} \end{bmatrix} = \boldsymbol{M} \begin{bmatrix} A \\ D \end{bmatrix} \qquad (2\text{-}31)$$

其中

$$\boldsymbol{M} = \begin{bmatrix} (1 + P_A)/2 & 1/2 \\ (1 - P_A)/2 & 1/2 \end{bmatrix} \qquad (2\text{-}32)$$

则 A 和 D 的估值

$$\begin{bmatrix} \hat{A} \\ \hat{D} \end{bmatrix} = W \begin{bmatrix} I_{\max} \\ I_{\min} \end{bmatrix} \quad (2\text{-}33)$$

其中

$$W = \begin{bmatrix} 1/P_A & -1/P_A \\ (P_A-1)/P_A & (P_A+1)/P_A \end{bmatrix} \quad (2\text{-}34)$$

式中：M 为混合矩阵；W 为分离矩阵。ICA 的目的，就是给定 $I_{\max}$ 和 $I_{\min}$，则得出一个分离矩阵 W，使得到的 $\hat{A}$ 和 $\hat{D}$ 最不相关。

（2）去相关性。ICA 要求两个分量相互独立。而 D 和 A 均随 z 变化，因此，不能使用 ICA 对 D 和 A 进行分离。但是，变量的相关性在低频部分表现强烈，而在高频部分则大大削弱。对 D 和 A 进行小波变换，取其高频部分 D_c 和 A_c：

$$D_c(x,y) = w\{D(x,y)\}, A_c(x,y) = w\{A(x,y)\} \quad (2\text{-}35)$$

对 $I_{\max}$ 和 $I_{\min}$ 也取高频，得到 $I_c^{\max}$ 和 $I_c^{\min}$。由于小波变换及分离矩阵 W 均是线性的，因此有下式成立：

$$\begin{bmatrix} \hat{A}_c \\ \hat{D}_c \end{bmatrix} = W \begin{bmatrix} I_c^{\max} \\ I_c^{\min} \end{bmatrix} \quad (2\text{-}36)$$

实际上，由于 ICA 对幅度的不敏感性，分离矩阵 W 可简化为

$$W = \begin{bmatrix} 1 & -1 \\ (P_A-1) & (P_A+1) \end{bmatrix} \quad (2\text{-}37)$$

（3）互信息最小化函数。用互信息量 $I(\hat{A}_c, \hat{D}_c)$ 来描述两个信号的相关程度，定义为

$$I(\hat{A}_c, \hat{D}_c) = H_{\hat{A}_c} + H_{\hat{D}_c} - H_{\hat{A}_c, \hat{D}_c} \quad (2\text{-}38)$$

式中：$H_{\hat{A}_c}$、$H_{\hat{D}_c}$ 为两个变量的熵；$H_{\hat{A}_c, \hat{D}_c}$ 为其联合熵。

由于是逐点混合，可变换为

$$I(\hat{A}_c, \hat{D}_c) = H_{\hat{A}_c} + H_{\hat{D}_c} - \log|\det \widetilde{W}| - H_{I_c^{\max}, I_c^{\min}} \quad (2\text{-}39)$$

目的就是找到一个 W 使得式（2-39）值最小，即要求 $\min\{I(\hat{A}_c, \hat{D}_c)\}$。

根据简化的分离矩阵 W，可得

$$\widetilde{A}_c = I_c^{\max} - I_c^{\min}, \ \widetilde{D}_c = w_1 I_c^{\max} + w_2 I_c^{\min} \quad (2\text{-}40)$$

$\widetilde{A}_c$、$\widetilde{D}_c$ 定义为 $\hat{A}_c$，$\hat{D}_c$ 的估计值，而

$$w_1 \equiv (P_A-1), w_2 \equiv (P_A+1) \quad (2\text{-}41)$$

求 $\min\{I(\hat{A}_c, \hat{D}_c)\}$，即求 $\min\{I(\widetilde{A}_c, \widetilde{D}_c)\}$。

$$I(\widetilde{A}_c, \widetilde{D}_c) = H_{\widetilde{A}_c} + H_{\widetilde{D}_c} - \log|\det \widetilde{\boldsymbol{W}}| - H_{I_c^{\max}, I_c^{\min}} \tag{2-42}$$

由于 $H_{\widetilde{A}_c}$、$H_{I_c^{\max}, I_c^{\min}}$ 是 $I_{\max}$ 和 $I_{\min}$ 确定的常量，因此，问题可简化为

$$\min\{H_{\widetilde{D}_c} - \log(2P_A)\} \tag{2-43}$$

对 $H_{\widetilde{D}_c}$ 进行估计：

$$\hat{H}_{\widetilde{D}_c} = C(\rho) + \frac{1}{N}\sum_{x,y}|\widetilde{D}_c(x,y)|^{\rho} \tag{2-44}$$

可认为 $C(\rho)$ 为与分离矩阵不相关的函数，因此可不考虑。另取 $\rho = 1$ 使函数简化为凸函数。问题转化为

$$\min_{P_A}\left\{\frac{1}{N}\sum_{x,y}|\widetilde{D}_c(x,y)| - \log(2P_A)\right\} \tag{2-45}$$

即可使用梯度法搜索最佳的 P_A。

2.2.2.4 大气光噪声的修正

1. 大气光噪声的病态估计

复原算法为简化散射模型，认为景物辐射到达探测器的正透射光虽然偏振度没有改变，但经过衰减，能量较小，因此假设到达探测器的偏振光主要由大气光贡献。基于此假设，大气光强度可由成像系统得到的景物偏振度 p 和大气光偏振度 P_A 表示，即式（2-21）。

以上假设，在目标距离较远，正透射光衰减较大，或目标本身的偏振度较小的情况下，能够较好地符合实际。然而，在实际的工程应用中，场景中往往含有大量的近距离目标和本身偏振度较大的目标，使得以上假设不能成立，从而使算法失效或产生病态的复原结果。

图 2-13 是某场景的光强图、偏振度图、大气光图及去雾结果图。

(a)   (b)

(c)   (d)

图 2-13　某场景光强图、偏振度图、大气光图及去雾结果图

（a）光强图；（b）偏振度图；（c）大气光强图；（d）去雾结果图。

假设雾的分布是均匀的，因此，目标与探测器之间的距离越远，成像中的大气光越强。所以，大气光强应随目标距离的逐渐缩短而减弱。而在图 2-13（c），即计算出的场景大气光强分布图中，数字标注的部分近距离目标的大气光强明显超出相同距离上其他目标。标注为②的部分其大气光强甚至超过无穷远处的大气光强，这是明显与实际情况不相符的。从利用此大气光强分布信息得到的去雾结果图［图 2-13（c）］中看到，标注为①的部分被过度补偿，亮度失真；而标注为②的部分已经溢出，无任何信息。

图 2-13（b）是场景的偏振度分布图。从图中看出，标注为②的部分偏振度远远超出场景中其他部分。这是因为标注的目标（太阳能板以及琉璃瓦）本身光滑，且受到太阳直射，反射光线经大气衰减后仍强于或接近大气光强度，因此目标正透射光偏振度远大于大气光的偏振度。这使得算法中偏振度由大气光贡献的假设不能成立，因此计算出的目标大气光强度错误，算法失效。

图中标示为①的目标，由于距离较近，且受太阳光直射，所以相对于整个场景来说过度曝光，即 I_{total} 较大。因此，虽然目标的偏振度较小，根据式（2-21）算出的大气光强仍然较大，不符合实际情况。

综上，当目标离探测器较近，自身正透射光线较强时，会使得偏振去雾算法中大气光强的计算产生偏差或错误。而在实际应用中，常常会存在大量近距离目标。因此，有必要对算法中大气光强进行修正，使得算法适应性更强。

2. 基于阶段均值的大气光噪声修正

选择场景中既穿过标注①的目标也穿过标注②目标的某列,画出其大气光分布图,如图 2-14 (a) 所示。

图中大气光分布较强的区域为天空部分。坐标轴上标注出的区域对应图 2-13 中相应目标区域。可以看出,在较远距离上,大气光分布由远及近呈下降趋势,而在标注的近距离区域,大气光强突增。修复的目的,就是修正曲线,使之总体呈下降趋势,且无激增的情况出现。

由于场景中目标距离由远及近成阶梯状分布,因此,大气光强的变化趋势也应该成阶梯状分布。如果能够得到各个距离区间上大气光强的基准值,就可以利用基准值对大气光进行修正。

可将修正方法描述如下:

(1) 对各列进行中值滤波:

$$\hat{f}_m(x) = \underset{g(s) \in f(x)}{\mathrm{median}} \{g(s)\} \tag{2-46}$$

其效果如图 2-14 (b) 所示。

(2) 对中值滤波后的各列进行梯降滤波:

$$\hat{f}_l(x) = \mathrm{Ladder}\{\hat{f}_m(x)\}$$
$$= \{\hat{f}_m(x) \mid 如果 \hat{f}_m(x) > \hat{f}_m(x-1) 那么 \hat{f}_m(x) = \hat{f}_m(x-1)\} \tag{2-47}$$

结果如图 2-14 (c) 所示。

(3) 以 $\hat{f}_l(x)$ 为基准,对原始大气光波形进行修正。

由于不同目标及同一目标的不同部位的偏振特性均存在差异,因此同一距离上不同目标的大气光强度的差别也反映了目标细节,所以本书在一定程度上保留这种差别,以增强图像的对比度及细节。大气光强及修正结果图如图 2-14 所示。

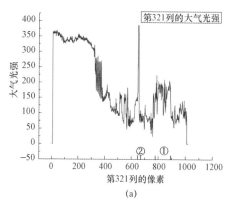

(a)

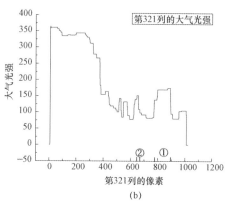

(b)

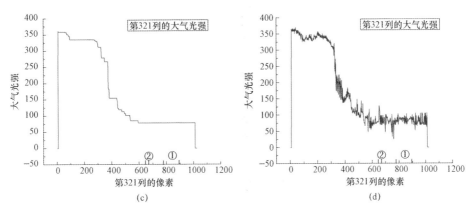

(c)　　　　　　　　　　　　　　　　(d)

图 2-14　大气光强及修正结果图

（a）原始大气光强分布图；（b）中值滤波结果图；（c）梯降滤波结果图；（d）修正结果图。

3. 修正结果分析

对修正算法进行了多组试验，均取得良好的效果。以图 2-13 中场景为例，其修正效果如图 2-15 所示。

图 2-15（a）为用本节算法修正后的大气光强分布图。与原始大气光强分布对比，可看出修正后的大气光强分布随距离递减而呈梯状分布，更加符合实际。原始分布图中溢出的区域也得到了较好的修正。近处楼房的大气光强得到了明显的抑制，但仍然保持了细节信息。

图 2-15（c）为使用修正后大气光信息进行的复原处理。相对于修复前的复原结果，图中标示为①的部分，亮度得到了抑制，显得更加自然。图中标示为②的区域信息得到了很好的恢复。图 2-15（d）为部分目标修复前后的对比，其中左侧为修正后结果。

(a)　　　　　　　　　　　　　　　　(b)

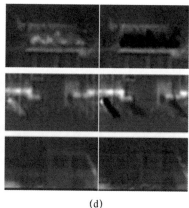

（c）   （d）

图 2-15　修正效果图

（a）修正后大气光强分布图；（b）修正前大气光强分布图；

（c）修正后复原效果图；（d）部分目标修正后（左）与修正前（右）。

对于远处目标，修正后的图像仍然保持了丰富的细节，对复原效果并未产生影响。

2.2.2.5　效果分析

为验证本节算法的有效性，利用偏振相机在不同天气条件下拍摄了大量雾霾天气退化图像，并用算法进行了复原。

1. 评价参数

为评价图像的质量，选取了三个常用的图像评价参数对图像进行比较。其定义及意义如下：

1）均值

图像的均值即图像的平均亮度。均值越高，图像越亮。其数学表达式为

$$\mu = \frac{\sum_{x=0}^{N-1}\sum_{y=0}^{M-1}f(x,y)}{MN} \tag{2-48}$$

式中：M、N 分别为图像 $f(x,y)$ 的高度与宽度。

2）方差

图像的方差表明图像各点偏离均值的程度。其定义为

$$\sigma^2 = \frac{\sum_{x=0}^{N-1}\sum_{y=0}^{M-1}\left[f(x,y)-\mu\right]}{MN} \tag{2-49}$$

式中：M、N 分别为图像 $f(x,y)$ 的高度与宽度；μ 为图像的均值。

图像的方差越大,说明图像的灰度层次越丰富,能提供的信息也越多。目测以及严格评价说明了方差大的图像质量好。

3)熵

一幅图像的熵定义如下:

$$H = \sum_i p_i \log \frac{1}{p_i} = - \sum_i p_i \log p_i \qquad (2\text{-}50)$$

式中:p_i 为图像灰度分布概率。

熵是图像所具有的信息量的度量。细节越丰富,纹理复杂度越高,图像的熵也就越大。

2. 试验结果

为了充分验证算法的有效性,对多种雾霾天气退化图像进行了大气光的分离与正透射的补偿,并加以评价。试验利用偏振相机获取各种天气条件下场景的偏振图像,图像为 8 位灰度图像,大小为 1024×1024 像元。比较中所使用的退化图像为 0°、60°、120°三个偏振方向偏振图的合成光强图,即算法中的 I_{total}。

1)霾天退化图像复原结果

图 2-16 为霾天气退化图像及复原后图像。

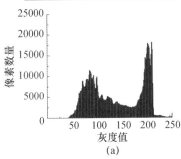
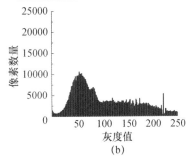

图 2-16　霾天气退化图像及复原后图像

(a)霾天气退化图像及直方图;(b)复原后图像及直方图。

对复原前后图像进行比较，可以看出图像细节得到很大丰富。从直方图可以看出，复原后图像灰度分布更加均匀。为方便比较，对图像局部进行放大。

从局部对比中，能够明显地看出复原后图像清晰程度得到提高。

表 2-1 是对复原前后图像三个评价参数的比较。从表 2-1 中可以看出，复原后图像均值明显降低，这说明大气光所产生的高亮得到了去除。图像方差和熵均得到了提高，说明图像细节得到了增强。

表 2-1　复原前后图像三个评价参数的比较

复原前后	均值	方差	熵
复原前	136.4964	59.2262	6.7126
复原后	110.04	72.878	7.3724

复原前后局部对比如图 2-17 所示。

图 2-17　复原前后局部对比

2）轻雾天气退化图像复原结果

图 2-18 为轻雾天气退化图像及复原结果。其中：①号目标距离 3225m；②号目标距离 4405m；③号目标 4374m；④号目标距离 2600m；⑤号目标距离 505m。

图 2-19 为复原前后局部对比。

通过比较可以看出，在轻雾天气下，算法复原结果同样令人满意。由图 2-19 可看出，去雾后左侧楼房细节得到增强，立体感强烈，而在去雾前图像中几乎无法分辨的右侧钟塔上表盘和图像中部更远处的楼房⑥也清晰可见，钟塔前的脚手架结构也显得分明；从近处局部景物去雾前后对比，可以看出，近处景物对比度及细节也得到明显增强。

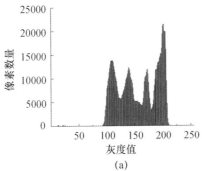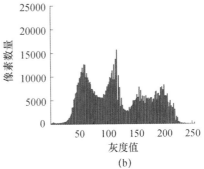

(a)　　　　　　　　　　(b)

图 2-18　轻雾天气退化图像及复原结果

（a）薄雾天气退化图像及直方图；（b）复原后图像及直方图。

(a)

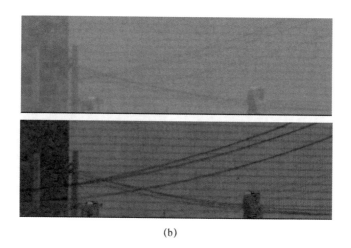

(b)

图 2-19　复原前后局部对比

（a）远处目标复原前后对比；（b）近处目标复原前后对比。

　　轻雾天气退化图像及复原结果评价如表 2-2 所列，由表 2-2 评价参数来看，复原后均值减小幅度较霾天情况下更大，这是由于场景大气光强度更强。同样，方差与熵均得到了提高。

表 2-2　轻雾天气退化图像及复原结果评价

复原前后	均值	方差	熵
复原前	155.4793	37.9265	6.7126
复原后	113.1859	55.2009	7.4873

3）雾天图像复原结果

图 2-20 为雾天退化图像及复原结果。

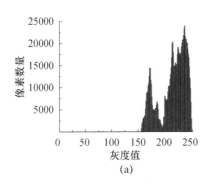 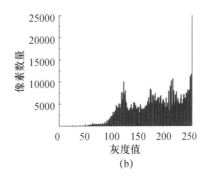

图 2-20 雾天退化图像及复原结果

（a）雾天退化图像及直方图；（b）复原后图像及直方图。

由图像及直方图可以看出，对于能见度在 1km 左右的雾天，复原算法仍有一定的改善作用，但效果较霾及轻雾天气下复原效果要差。从表 2-3 中各评价参数也可看出这点。

表 2-3 雾天退化图像及复原结果评价

复原前后	均值	方差	熵
复原前	210.7516	42.0795	6.3363
复原后	191.338	59.9043	6.4529

本组样本雾的浓度明显高于前两组，从退化图像均值即可看出这点。但复原后图像均值降低并不明显，说明对于大气光的分离并不彻底。

3. 适用性分析

由上面的算法验证可以看出，算法对于霾及轻雾条件下的退化图像均有较好的复原效果。但是，随着粒子半径的增大，散射渐渐不再符合米散射，且粒子的消偏作用越来越明显，大气光的偏振度越来越小，不再符合算法的假设前提，使算法效果得到抑制。因此，算法在雾较大的环境中适用性较差。

使算法失效的主要原因是光的退偏现象。在笛卡儿坐标系中，x 方向的线偏振态光子，被粒子散射后，散射光中存在大量的与其正交的 y 方向的线偏振态光子，即入射光虽为线偏振光，散射光会变成部分偏振光，这种现象叫做光散射的退偏现象。引起退偏现象的原因很多，光在大气中传播时的退偏一般是由多次散射引起的。当雾中粒子浓度增大到一定程度，其退偏能力将随浓度增加而急剧增强。

当雾的浓度很高时，离探测器较远的粒子所产生的大气光由于雾的消偏作用，到达探测器时偏振度会产生极大的损失。在算法中的表现即 P 的减小，且 P_A 无法再表征大气光的偏振度。由式（2-21）可知，当 P 减小而 I_{total} 与 P_A 不变时，所估算的大气光强将减小，即当雾的浓度升高到一定程度时，由于大气光偏振度的损失，算法无法正确估计大气光强。可以用减小 P_A 的估值这一手段来人为增大对大气光的估计，但是这将造成场景中 P 值微小的变化也会产生复原结果巨大的差异，使得图像噪声急剧增加。P_A 对于复原结果的影响如图 2-21 所示。

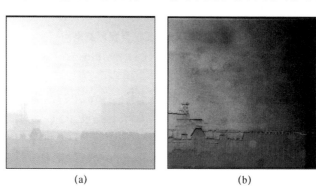

(a)   (b)

图 2-21 P_A 对于复原结果的影响

（a）$P_A=0.3$ 时复原图像；（b）$P_A=0.2$ 时复原图像。

为了补偿浓雾下算法对大气光估计不足的缺陷，一种简单但有效的方法是对复原后的图像进行直方图截取拉伸，从而消除由于大气光未被完全分离而产生的高亮。以图 2-20（b）中复原图像为例，其截取拉伸结果及直方图如图 2-22 所示。

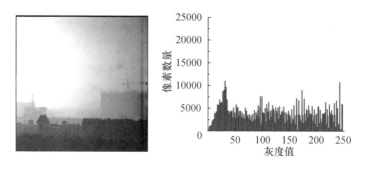

图 2-22   复原图像截取拉伸结果及直方图

2.2.3　雾霾天气偏振图像散射模糊的复原

在景物成像过程中，一部分景物辐射经过前向散射后到达探测器成像，这是主要的景物信息，还有一小部分景物辐射被雾霾散射后，稍稍偏离了原来的光路，但仍然到达探测器并在原像点附近成像，这部分散射光的成像会造成图像目标边缘模糊，使图像退化。

前面对图像中的大气光成像进行了分离，并对景物正透射的衰减进行了补偿，大大提高了雾天等恶劣天气条件下图像的质量。但并未考虑多次单散射对图像造成的模糊，因此，需要对雾天造成的第三种退化进行复原。

由于没有单独的模型对散射模糊进行描述，所以，试图建立大气散射模糊的点扩散函数，再利用大气传递函数模型来进行复原。

2.2.3.1 基于大气传递函数的图像复原方法

由图 2-3 可以看出，基于大气传递函数的复原方法主要有退化函数的选取和复原滤波的选取两个问题。

1. 点扩散函数的选取

在基于大气传递函数的图像复原方法中，主要有观察法、试验法和数学建模法三种方法去估计系统的退化函数[8]。

1）观察法

对于一幅退化图像，倘若没有给出它的退化函数，那么就可以通过对图像自身信息的观察和分析来估计它的退化函数。具体的方法是：在退化图像中选择一小块结构简单且信号较强的区域，人为构建一个未退化的样本。用 $g_s(x, y)$ 定义观察的子图像，用 $f_s(x, y)$ 表示构建的未退化图像，若不考虑噪声的影响，则可概略估计出图像的退化函数：

$$H_s(u,v) = \frac{G_s(u,v)}{F_s(u,v)} \qquad (2\text{-}51)$$

2）试验法

如果可以搭建与获取退化图像的成像系统相近的系统，则可以用脉冲成像的方式获得较为精确的系统退化函数。方法是用一个近似的脉冲信号，如一个小亮点，进行成像，所得到的图像可看作是系统的冲激响应，即点扩散函数。可估计系统的退化函数为

$$H(u,v) = \frac{G(u,v)}{A} \qquad (2\text{-}52)$$

式中：$G(u, v)$ 为脉冲成像的傅里叶变换；A 为一个常数，表示脉冲强度。

3）数学建模法

数学建模法是对成像系统进行细致研究后，针对系统退化的原因和过程，

对大气传递函数进行数学建模。针对不同的环境和过程，有不同的数学模型。例如，Hufnagel 和 Stanley 在 1964 年针对大气湍流的物理特性提出的模型。这个模型的一般形式为

$$H(u,v) = e^{-k(u^2+v^2)^{5/6}} \tag{2-53}$$

式中：k 为常数，它与湍流的性质有关。

2. 复原滤波的选取

1）逆滤波

在知道退化函数 H 的情况下，最简单的复原方法是逆滤波。逆滤波用退化图像的傅里叶变换 $G(u,v)$ 来得到原始图像的估计：

$$\hat{F}(u,v) = \frac{G(u,v)}{H(u,v)} = F(u,v) + \frac{N(u,v)}{H(u,v)} \tag{2-54}$$

也就是说，如果有噪声存在，即使知道退化模型，逆滤波也不能准确地复原图像，因为 $N(u,v)$ 是一个随机函数，其傅里叶变换未知。特别是当退化程度很小或是零的时候，逆滤波的复原结果几乎被 $N(u,v)$ 决定。解决这一问题的一般方法是限制滤波的频率使其接近原点值。

2）维纳滤波

维纳滤波针对逆滤波受噪声影响大的缺点，在复原过程中综合考虑了退化函数和噪声统计特性。该方法建立在认为图像和噪声是随机过程的基础上，目标是使复原后图像和退化图像之间的均方差最小。因此，维纳滤波又被称为最小均方误差滤波。

维纳滤波的误差度量函数为

$$e^2 = E\{(f - \hat{f})^2\} \tag{2-55}$$

式中：E 为期望值计算符；f 为未退化图像；$\hat{f}$ 为复原出的估计值。维纳滤波假定噪声和图像不相关且其中一个有零均值，而估计的灰度级是退化图像灰度级的线性函数。基于此，式（2-55）在频域的表达式为

$$\hat{F}(u,v) = \left[\frac{1}{H(u,v)} \frac{|H(u,v)|^2}{|H(u,v)|^2 + S_\eta(u,v)/S_f(u,v)} \right] G(u,v) \tag{2-56}$$

式中：$S_\eta(u,v) = |N(u,v)|^2$ 为噪声的功率谱；$S_f(u,v) = |F(u,v)|^2$ 为未退化图像的功率谱。当噪声为零时，维纳滤波退化为逆滤波。

当处理白噪声时，其功率谱为常数，大大简化了处理过程。但是未退化图像的功率谱一般都是未知的。对于这些无法估计的值，一般用一个常数来近似，维纳滤波形式变为

$$\hat{F}(u,v) = \left[\frac{1}{H(u,v)} \frac{|H(u,v)|^2}{|H(u,v)|^2 + K} \right] G(u,v) \tag{2-57}$$

式中：K 为一个估计值，用来近似 $S_\eta(u,v)/S_f(u,v)$。

3）约束最小二乘方滤波

要想利用维纳滤波精确地复原图像，还需要知道未退化图像和噪声的功率谱或其比值，而利用约束最小二乘方滤波，只要知道噪声的方差和均值就可以进行图像复原。

4）盲去卷积

前面所述方法均是假定已知图像的退化函数，在有些情况下，图像的退化函数无法获得或估计，此时就需要不以退化函数为基础的复原方法，统称为盲去卷积法。对盲去卷积法，这里不再详细叙述。

2.2.3.2 大气散射模糊退化函数的选取及复原结果分析

维纳滤波抗噪性强于逆滤波，而计算量小于约束最小二乘方滤波，因此，选取维纳滤波器进行复原滤波。那么对于大气散射模糊复原，退化函数的选取成为主要问题。

图 2-10 描述了成像光线散射能量的分布。可以看出，成像能量主要集中在像点上，且在像点周围一定的空间内随距离呈递减分布。但要精确地描述其分布非常困难。

典型的大气点扩散函数与退化函数如图 2-23 所示[17]。

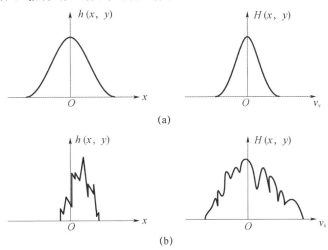

图 2-23 典型的大气点扩散函数与退化函数

（a）长曝光像的点扩散函数和退化函数；（b）短曝光像的点扩散函数和退化函数。

图 2-23（a）描述了长曝光像的点扩散函数和退化函数，图 2-23（b）描述了短曝光像的点扩散函数及退化函数。可以看出，长曝光像的点扩散函数是一个光滑而很宽的函数，相应的退化函数则是窄而平滑的函数。反之，短曝光像的点扩散函数是一个较窄的而且是锯齿状的函数，而相应的退化函数的振幅和相位同空间频率的函数关系中则有可观的起伏。

长曝光可定义为成像所用积分时间比大气引起的波前形变的特征起伏时间长很多的曝光方式。类似的，短曝光定义为成像所用积分时间比大气引起的波前形变的特征起伏时间短或者近似的曝光方式。

由于地面大气湍流瞬间变化较小，且认为雾与霾的粒子分布均匀，因此，可近似认为雾霾天气地面大气稳定，因此，其成像可以看作是长曝光像。所以其大气退化函数应与图 2-23（a）中相近。

经典的大气湍流条件下长曝光像的退化函数可用一个包含数个参数的高斯函数来描述。由于近地大气状况稳定，仅用简单的高斯函数来描述散射对成像能量分布的影响。其点扩散函数如下式：

$$h(x,y) = k\exp\left(-\frac{x^2+y^2}{\sigma^2}\right) \tag{2-58}$$

式中：σ 决定了扩散光斑的直径和能量分布；k 为归一化常数。

为了获得较为合适的点扩散函数，选取不同的 σ 值构建多个点扩散函数，并对复原效果加以比较。

图 2-24 为 σ 分别取 0.5、0.9 和 1.3 时点扩散函数的三维曲线。随着 σ 的增大，光斑扩散的范围也就越大，相应地，复原滤波时所要选取的窗口也就越大。

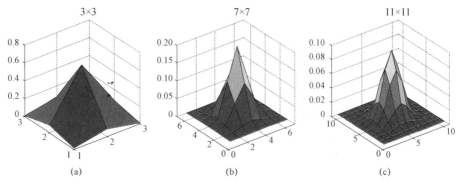

图 2-24　σ 分别取 0.5、0.9 和 1.3 时点扩散函数的三维曲线

(a) $\sigma = 0.5$；(b) $\sigma = 0.9$；(c) $\sigma = 1.3$。

用以上三个点扩散函数分别对图像进行维纳滤波。对于 $\sigma=0.5$，选取的滤波窗口大小为 3×3 像素，$\sigma=0.9$ 时，滤波窗口大小为 7×7 像素，$\sigma=1.3$ 时，滤波窗口大小为 11×11 像素。σ 分别取 0.5、0.9 和 1.3 时复原图像如图 2-25 所示，其中原始图像为经过大气光分离与正透射补偿后的霾天气下的图像。

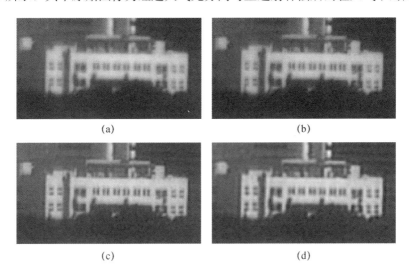

图 2-25　σ 分别取 0.5、0.9 和 1.3 时复原图像

(a) 原始图像；(b) $\sigma=0.5$ 时复原图像；(c) $\sigma=0.9$ 时复原图像；
(d) $\sigma=1.3$ 时复原图像。

从主观视觉效果来看，图 2-25（b）与滤波前图像差别并不明显，这可能是因为滤波窗口过小，并不能反映出成像光线能量真正的分布；图 2-25（c）的清晰度较滤波前有了明显的提高，目标边缘变得清晰可辨；图 2-25（d）看起来对比度有所提高，但是目标边缘有了明显的振铃效应，这可能是因为滤波窗口过大，点扩散函数能量分布过于广泛，使得滤波后各目标间能量有交叠。

为了更客观地评价不同点扩散函数滤波的效果，对上面的结果进行边缘检测，检测算子选用 Robert 算子。σ 分别取 0.5、0.9 和 1.3 时边缘检测如图 2-26所示。

由图 2-26 中的结果可以看出，取 $\sigma=0.5$ 用 3×3 窗口滤波后所提取的边缘信息与滤波前并没有太大的提高，而取 $\sigma=0.9$ 和 $\sigma=1.3$ 时滤波后图像的边缘信息大大丰富，小目标的轮廓也清晰可辨。对比建筑物中心的一排窗户的边缘，可以看出，当取 $\sigma=0.9$ 时各窗户间的边缘检测比较准确，目标能够得到很好的区分，而当取 $\sigma=1.3$ 时，由于振铃效应，各窗户的边缘有些受损。

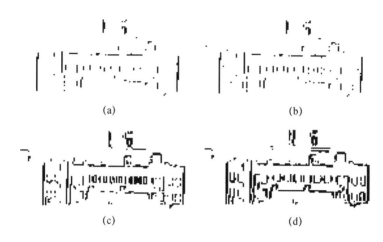

图 2-26 σ 分别取 0.5、0.9 和 1.3 时边缘检测

（a）原始去雾图像检测结果；（b）σ＝0.5 时复原图像检测结果；

（c）σ＝0.9 时复原图像检测结果；（d）σ＝1.3 时复原图像检测结果。

从以上试验结果也可以看出，基于大气传递函数模型的复原方法对散射模糊有较好的复原效果。

参考文献

［1］WANG X，OUYANG J，WEI Y，et al. Real-time vision through haze based on polarization imaging［J］. Applied Sciences，2019，9（1）：3234-3248.

［2］LIANG J，ZHANG W，REN L，et al. Polarimetric dehazing method for visibility improvement based on visible and infrared image fusion［J］. Applied Optics，2016，55（29）：8221-8226.

［3］XU M，YANG J，WU H-Y，et al. Polarization imaging enhancement for target vision through haze［C］//Advanced Optical Design and Manufacturing Technology and Astronomical Telescopes and Instrumentation. 2016：1015410.

［4］LIU F，CAO L，SHAO X，et al. Polarimetric dehazing utilizing spatial frequency segregation of images［J］. Applied Optics，2015，54（29）：8116-8122.

［5］王勇，薛模根，黄勤超. 基于大气背景抑制的偏振去雾算法［J］. 计算机工程，2009，35（04）：271-272，275.

［6］SCHECHNER Y Y，NARASIMHAN S G，NAYAR S K. Instant dehazing of images using polarization［C］//Proc. IEEE Conference on Computer Vision and Pattern Recognition，2001：325-332.

［7］SCHECHNER Y Y, NARASIMHAN S G, NAYAR S K. Polarization based vision through haze［J］. Applied Opitics，2003，42（3）：511-525.

［8］冈萨雷斯. 数字图像处理：第 2 版［M］. 阮秋琦，等译. 北京：电子工业出版社，2003.

［9］薛良峰，齐欢. 图像复原的逆滤波器技术探讨［J］. 自动监测技术，2002，21（5）：46-48.

［10］赵艳明，全子一. 一种有效的小波——Wiener 滤波去噪算法［J］. 北京邮电大学学报，2004（4）：41-45.

［11］谢敬辉，赵达尊，阎吉祥. 物理光学教程［M］. 北京：北京理工大学出版社，2005.

［12］徐娟. 大气的光散射特性及大气对散射光偏振态的影响［D］. 南京：南京信息工程大学，2005.

［13］饶瑞中. 现代大气光学及其应用［J］. 大气与环境光学学报，2006，1（1）：2-13.

［14］刘建斌. 雾对激光制导的影响及卫星表面光散射研究［D］. 成都：电子科技大学，2006.

［15］孙晓兵，洪津，乔延利. 大气散射辐射偏振特性测量研究［J］. 量子电子学报，2005，22（1）：111-115.

［16］Qu Y, Zou Z. Non-sky polarization-based dehazing algorithm for non-specular objects using polarization difference and global scene feature［J］. Optics Express，2017，25（21）：25004-25022.

［17］张逸新，迟泽英. 光波在大气中的传输与成像［M］. 北京：国防工业出版社，1997.

第3章

3

水雾环境舰船目标偏振
成像探测技术

雾天是一种常见的天气现象，尤其在水面环境下，由于易受水气的影响，水面形成雾的概率大大增加。水雾对很多领域均带来不同程度的影响。在民用领域，水雾严重影响各种船只的正常作业和航行安全；在军用领域，水雾使得对舰船目标的侦察距离缩短，制导精度降低，直接延缓了军事行动，贻误了战机，影响作战行动。因此，急需研究探索水雾条件下舰船目标检测的有效方法，提高对水面目标的观测效果。

偏振成像探测为目标的检测和识别提供了更多有价值的信息。研究结果表明：偏振成像探测能够揭示目标细节特征、抑制雾霾的干扰、提高目标的对比度，增加探测距离[1]。因此，研究水雾环境目标偏振成像检测方法具有重要的实际意义和应用价值。

3.1 水雾环境舰船目标偏振特性分析

本节重点研究舰船目标及水面的偏振光谱特性，探索偏振特性与物质本身属性的内在联系。首先利用偏振光谱仪进行非成像试验，研究模拟甲板及水面的偏振特性与波段、探测相位角之间的关系；然后利用偏振成像探测系统进行水雾环境下模拟舰船目标偏振成像试验，利用多偏振参量及全方向偏振特性分析方法对试验结果进行分析，并给出相应的结论。

3.1.1 舰船目标及水面多角度偏振光谱特性分析

3.1.1.1 多角度偏振光谱测量

为研究舰船目标及水面多角度偏振光谱特性，通过室内仿真环境多角度、室外环境一定角度的方式，对舰船目标及水面进行测量，获取不同条件下目标的辐亮度及三个偏振方向辐亮度数据。

为保证数据的科学性，测量试验选择了合适的样本。试验中所用的水取自湖水，容器采用长、宽均为 50cm，高为 30cm 的立方体容器，可以保证光线能直接入射到水中且无阴影；容器采用黑色的磨砂内壁，以保证容器内壁的朗伯性。由于舰船甲板在舰船中所占比例较大，因此试验主要对甲板进行研究。为了便于试验，甲板由一块带有涂层的钢板制成，经测量其光谱特性与舰船真实甲板基本吻合。

根据试验需求，光源天顶角固定为 40°，光谱仪距离目标 1m，光源距离目标约为 1.5m。光谱仪探头固定在可调整角度的三脚架上，光谱仪探头光轴、目标法线和光源光轴设置为三轴共面，即光谱仪探头和目标在光源主平面内。探测相位角范围为 10°～110°，每间隔 10°测量不加偏振片的辐亮度值和加偏振片三个偏振方向（0°、60°、120°）的辐亮度值，每次测量采集 20 组数据。测量试验示意图如图 3-1 所示。

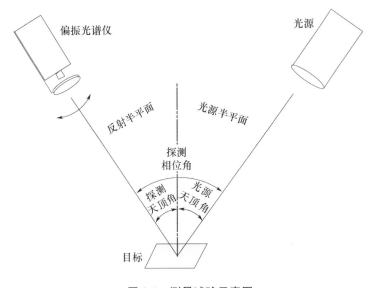

图 3-1 测量试验示意图

为完善试验数据及验证室内仿真环境数据的科学性，在室外自然环境进行测量试验，试验区域在湖边，天气晴朗无云无风，湖水清晰无波纹。为了便于试验，模拟甲板镶在泡沫上，使其漂浮在水面上，并且略高于水面。模拟甲板和偏振光谱仪设置在太阳主平面内，光谱仪距离目标约 2.5m，采集方式与室内仿真环境试验一样。

3.1.1.2 多角度偏振光谱特性分析

对室内仿真环境试验采集的多组数据剔除异常数据，求平均值，进行绝对响应定标，得到目标的光谱辐亮度，然后计算出目标偏振度值。偏振度描述了线偏振光占全部光的比例，表示偏振光偏振程度的物理量。因此，本节主要分析偏振度与探测相位角、光谱之间的关系。

如图 3-2 所示为不同探测相位角条件下的模拟甲板的辐亮度和偏振度的光谱曲线。从图中可以看出，不同探测相位角条件下模拟甲板的偏振度值及辐亮度值随波段变化基本一致。当波长范围为 400~780nm 时，即在可见光波段的偏振度和辐亮度值变化比较平缓；在 780~1080nm 范围内，即在近红外波段的偏振度和辐亮度值变化幅度相对较大。

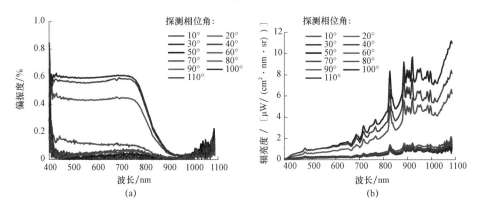

图 3-2　不同探测相位角条件下的模拟甲板的辐亮度和偏振度的光谱曲线
（a）偏振度；（b）辐亮度。

如图 3-3 所示为波长 550nm 时模拟甲板的偏振度和辐亮度与探测相位角的变化关系。当探测相位角为 10°~110°时，偏振度和辐亮度值变化趋势一致，先减小后增加再降低，在 50°时达到最小值，在 100°时达到极大值。

如图 3-4 所示为不同探测相位角条件下的水面的偏振度和辐亮度的光谱曲线。从图中可以看出，不同探测相位角条件下水面的偏振度值及辐亮度值随光谱变化基本一致。随着波长的增加，水面偏振度基本呈现先增加后降低的趋势,当波长为 600nm 左右时,达到极大值,而辐亮度基本随波长增加而增大;当波长为 400~780nm 时,辐亮度值缓慢增加;当波长为780~1080nm 时,辐亮度值变化幅度相对较大。

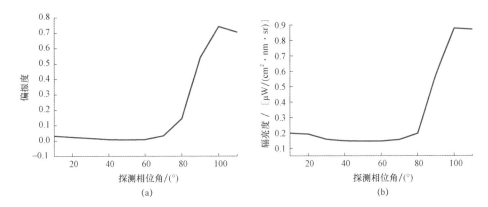

图 3-3　波长 550nm 时模拟甲板的偏振度和辐亮度与探测相位角的变化关系

(a) 偏振度;(b) 辐亮度。

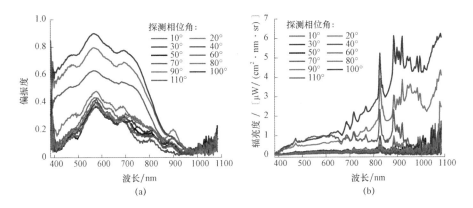

图 3-4　不同探测相位角条件下的水面的偏振度和辐亮度的光谱曲线

(a) 偏振度;(b) 辐亮度。

如图 3-5 所示为波长 550nm 时水面偏振度和辐亮度与探测相位角的变化关系。当探测相位角为 10°~110° 时,偏振度和辐亮度值变化趋势一致,先减小后增加再减小,在 50° 时达到最小值,在 100° 时达到极大值。

为比较模拟甲板与水面的偏振度,计算两者的差异作为衡量标准,其公式为

$$P_d(\omega) = \left| P_{水}(\omega) - P_{甲板}(\omega) \right| \tag{3-1}$$

式中:$P_{水}(\omega)$、$P_{甲板}(\omega)$ 分别为波长为 ω 的水面、甲板的偏振度值。

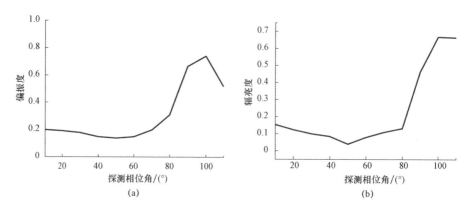

图 3-5 波长 550nm 时水面偏振度和辐亮度与探测相位角的变化关系

(a) 偏振度；(b) 辐亮度。

如图 3-6 所示为水面与模拟甲板各角度偏振度差异光谱曲线，从图中可以看出，在 550~650nm 波长范围内，两者偏振度差异相对较大。

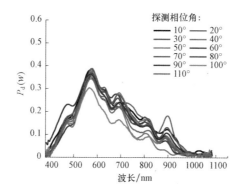

图 3-6 水面与模拟甲板各角度偏振度差异光谱曲线

室外试验于 2014 年 3 月 10 日 14:30 开展的，天气晴朗，根据合肥的经纬度查询可知此时合肥地区的太阳天顶角为 50°。通过与室内相同条件的数据对比可知，模拟甲板和水面的偏振度、辐亮度的光谱曲线基本一致（图 3-7、图 3-8），其中相对于模拟甲板，水面室内外的偏振度有一定差异，可能是由于水面波动造成的。由此说明室内仿真环境试验的准确性。

3.1.1.3 多角度偏振光谱特性分析结论

根据试验结果可知，模拟甲板及水面的偏振光谱特性与观测天顶角存在重要的对应关系。对于非偏的照明光源，当探测相位角在光源半平面内，模拟甲板和水面都呈现较弱的偏振特性；当探测相位角在反射半平面内，随着

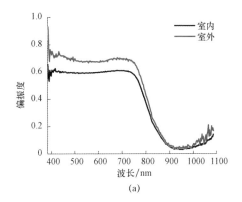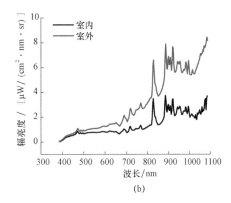

图 3-7 模拟甲板光谱曲线

（a）偏振度；（b）辐亮度。

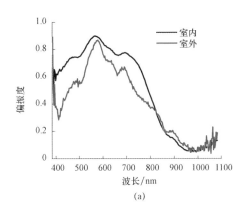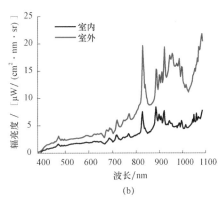

图 3-8 水面光谱曲线

（a）偏振度；（b）辐亮度。

角度的增加，它们呈现较明显的起偏特性，在探测相位角接近光源天顶角时，它们的偏振特性非常明显。模拟甲板和水面（特别是静止水面）可以近似看作光滑的表面。因此，上述结果可以用反射光偏振特性模型解释。在主入射平面内，反射光的偏振特性与目标折射率、光的入射角及反射角有关，当入射光线和反射光线之间夹角较小时，反射光的偏振度较低，当入射光为布儒斯特角时，反射光可以达到最大值，然后随着探测相位角的增大偏振度又渐渐降低。以上试验结果与理论分析是一致的，也验证了试验结果的准确性。

关于模拟甲板和水体多角度偏振光谱特性的分析结论：

（1）随着探测相位角的增大，水体和模拟甲板的偏振度变化趋势一致，先减小后增加再减小。在探测相位角增加的过程中，水体和模拟甲板偏振度都出现一次最小值和最大值。并且，在偏振度最大值出现之前，随着探测相位角的增加，偏振度较小且变化比较平缓。

（2）随着探测相位角的增大，水体和模拟甲板的辐亮度变化趋势相似，总体呈增加趋势，但在增加的过程中存在较大的跳跃性。

（3）随着波长的增加，模拟甲板以及水体的偏振度有所不同。对于模拟甲板，在可见光波段范围内，偏振度变化比较平缓；在近红外波段，偏振度值先减小后增加。对于水体，在波长为400～580nm时，偏振度呈现增加趋势；在波长为580～1080nm时，偏振度明显减小。

（4）在波长为550～650nm时，整个探测相位角范围内，模拟甲板和水体的偏振度都存在差异。

3.1.2 舰船目标及水面成像偏振特性分析

利用偏振成像探测系统进行水雾环境下舰船缩比目标偏振成像测量试验，分别采用多偏振参量及全方向偏振特性分析方法对结果进行分析。

3.1.2.1 多偏振参量特性分析

对采集的三个偏振方向原始图像计算得到偏振参量图，具体包括强度图（I）、偏振度图（P）、偏振参量 Q 图（Q）、偏振参量 U 图（U）、偏振角图（A）、电矢量 E_x 图（E_x）、电矢量 E_y 图（E_y）、电矢量 ΔE 图（ΔE）。依据不同探测条件对数据进行分类整理，求取目标与背景的对比度作为衡量标准，其公式为

$$C=\frac{|\mathrm{DN_o}-\mathrm{DN_b}|}{|\mathrm{DN_o}+\mathrm{DN_b}|} \tag{3-2}$$

式中：C 为图像中目标与背景的对比度，无量纲；$\mathrm{DN_o}$、$\mathrm{DN_b}$ 分别为目标和背景的灰度值。

1. 固定雾粒子浓度、不同探测相位角成像偏振特性分析

雾粒子浓度固定为 60%、光源天顶角为 50°，光源距离目标约为 1.5m，偏振成像探测系统距离目标约为 2m，探测相位角由 10° 变化至 110°，系统镜头前安装中心波长为 605nm 滤光片，每隔 10° 采集一组偏振成像数据。

如图 3-9 所示为不同探测相位角舰船缩比目标与周围水面背景的对比度分析。大部分偏振参量图舰船目标与水面背景的对比度大于强度图中的对比度，并且随着探测相位角增加，对比度总体趋势缓慢增加。同时也存在偏振参量图小于强度图中对比度的情况，如偏振角图。

如图 3-10 所示为水面偏振度随探测相位角的变化情况。虽然在水雾环境下，水面偏振度随探测相位角的变化情况与图 3-5（a）类似。

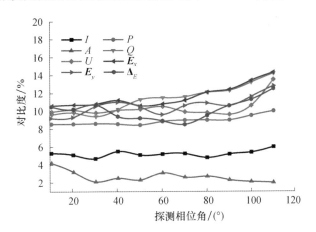

图 3-9　不同探测相位角舰船缩比目标与周围水面背景的对比度分析

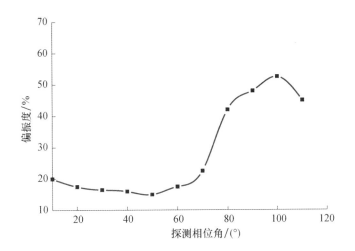

图 3-10　水面偏振度随探测相位角的变化情况

2. 固定探测角度、不同雾粒子浓度下成像偏振特性分析

试验中光源天顶角设定为 $50°$，探测相位角设定为 $80°$，目标是避免出现光源在水中的倒影，将雾粒子浓度逐渐增加至 90%，系统镜头前安装中心波长为 605nm 的滤光片。

如图 3-11 所示为不同雾浓度舰船缩比目标与周围水面背景的对比度分析。从图中可以看出，随着雾浓度的增加，各偏振参量图中舰船缩比目标与水面背景的对比度呈现下降趋势，但是存在偏振参量图中对比度大于强度图中的情况。

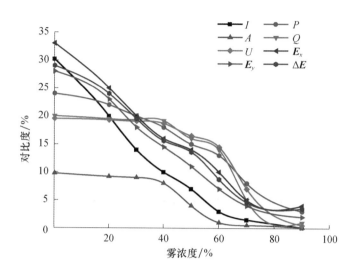

图 3-11   不同雾浓度舰船缩比目标与周围水面背景的对比度分析

如图 3-12 所示为水面背景偏振度随雾浓度的变化情况。随着雾浓度的增加，水面背景的偏振度减小，这主要是由于水雾的退偏作用引起的。

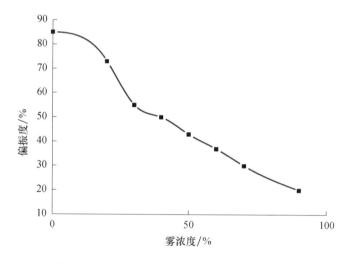

图 3-12   水面背景偏振度随雾浓度的变化情况

综上所述，通过分析水雾环境舰船缩比目标及水面的多偏振参量特性可以说明，偏振成像技术可以提高水雾环境下舰船缩比目标与水面的对比度。

3.1.2.2   全方向偏振特性分析

通常情况下，直接利用偏振度、偏振角、斯托克斯参量 Q 及 U 图等偏振参量图便可完成目标探测。但有些情况下，利用这些信息不能有效探测出目标。因为传统方法存在解算目标偏振信息精度低，造成探测目标能力弱的问题。为此研究基于全方向偏振特性探测目标的方法。利用公式三个方向偏振特性解算 $0 \sim 2\pi$ 空间全方向偏振特性，得出全方向偏振特性分布。对雾浓度 90％、605nm 波段数据计算水面及舰船缩比目标的每个角度的强度值，然后拟合出全方向偏振特性曲线，如图 3-13 所示。从图中可以看出水面及舰船缩比目标的全方向偏振特性分布规律存在差异。

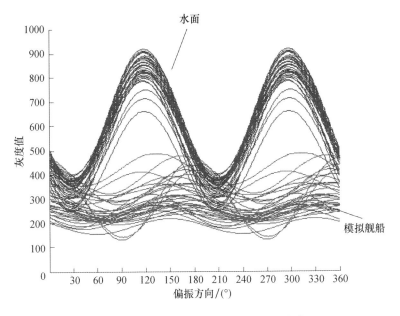

图 3-13　水面及舰船缩比目标的全方向分布图

3.1.2.3　目标成像偏振特性分析结论

关于水雾环境下模拟舰船目标偏振成像特性的分析结论如下：

（1）随着水雾浓度的增加，水面背景的偏振度减小，模拟舰船目标与水面的对比度呈现下降趋势。

（2）利用偏振成像探测技术对水雾具有明显的抑制作用，可以用来检测水雾环境舰船目标。

3.2　基于偏振信息的目标特征增强

利用偏振信息增强舰船目标与水面背景的对比度，为下一步检测奠定基础。根据图像探测角度、目标类型等条件差异，从偏振大气辐射传输和偏振图像融合两种模型考虑目标特征增强。首先提出了一种基于矢量辐射传输模型的水雾环境舰船目标校正方法，主要解决近垂直探测的情况。在其他探测角度，则提出了一种多偏振参量融合方法。

3.2.1 基于矢量辐射传输模型的目标校正

3.2.1.1 水雾环境舰船目标偏振校正分析

由水雾环境舰船目标偏振特性分析可知，目标反射光在水雾环境传输过程中会受到水雾粒子的散射。因此，偏振成像探测系统获得的图像信息除了舰船目标信息外，还有水雾环境的散射信息，而这部分信息是造成图像退化的一个重要原因，本节校正的目的就是降低该散射信息的影响，提高目标与背景的对比度。

研究表明，在可见光波段，大气散射呈现较强的偏振特性，而地物目标的偏振度一般较小。当偏振成像探测系统近垂直（探测天顶角小于 $30°$）观测时，地物目标可以近似地认为是一个朗伯体，相对于大气散射，地物反射偏振度较小可以忽略不计。因此，利用地物反射与大气散射偏振特性的差异即可实现目标的校正。在上述分析的基础上，可以近似认为在任何一个偏振轴方向，地物反射光强度都是一样的，而大气散射光则随着偏振轴方向的改变，强度有较大的改变。根据光矢振动的优势方向，将大气光分解为相互正交的两个偏振分量 A_{max} 和 A_{min}，其中 A_{max} 代表优势方向上的量测，表征大气光中线偏振光成分。A_{min} 表征了大气光中自然光成分的量测。依据同样的道理，可以将探测器接收到的光强 I_{total} 分解为两个正交的偏振分量 I_{max} 和 I_{min}，如图 2-12 所示。根据 2.2.2 节描述推导，可得退化前的景物强度图为

$$L_{object} = I_{total} \left(1 - \frac{P}{P_A}\right) \left(\frac{A_\infty P_A}{A_\infty P_A - I_{total} P}\right) \tag{3-3}$$

为了消除水雾的影响，提高目标的对比度，增强图像的清晰度，必须去除图像中大气光成分 A，由式（3-3）可知，该步骤的关键是估计大气光的强度 A_∞ 及偏振度 P_A。Schechner 等通过选取场景中天空区域经过计算获得，但是当近垂直探测时，场景中不存在天空区域，以致于无法计算大气光的强度 A_∞ 及偏振度 P_A。针对这一问题，本书利用矢量辐射传输方程来计算得到 A_∞ 和 P_A。

3.2.1.2 矢量辐射传输模型

辐射传输模型描述了太阳光到被观测目标表面再到探测器之间的能量传输情况及太阳光在大气传输过程中的散射吸收情况（图 3-14）。而矢量辐射传输模型不仅考虑了太阳光传输过程中的辐射量变化情况，同时考虑了其偏振态的变化情况。

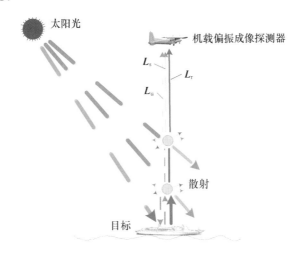

图 3-14　光线传输示意图

在可见光波段，到达探测目标表面的能量主要来自太阳直射 L_r 和大气散射 L_s 两部分。达到探测器的总辐射量 L_t 可以近似分解为三部分：

（1）经目标散射后直接到达探测器的太阳光 L_r，包含太阳光经目标表面及内部发生散射的能量 L_{rs}、L_{rss}，其中 L_{rss} 所占比例很小，在可见光范围内，很少考虑。

（2）目标反射的天空散射光 L_s。

（3）经大气散射后，直接沿着目标——探测器方向进入探测器的太阳光 L_u，该部分所占比例也比较小。

不论地面或目标的反射情况以及大气状况如何，上述三种辐射的大小都是依次递减的，并且这三种辐射都是关于入射角、反射角和方位角的函数。假定外大气层的太阳辐照度为 E_s，在沿着太阳到目标路径传播时，其透过率为 τ_i。当入射光经目标表面的二向反射后，沿着目标到探测器的路径传播时其透过率为 τ_r。于是矢量 L_r 可以表示为

$$L_r = \tau_r \, \boldsymbol{F}_r \left((\theta_i, \theta_r, \phi) \cos_{ii}(\theta_i) \boldsymbol{E}_s(\theta_i) \right) \tag{3-4}$$

式中：$\boldsymbol{F}_r$ 为 f_r 的穆勒矩阵形式；$\boldsymbol{E}_s$ 为 E_s 的斯托克斯矢量形式。

假设天空散射光为 $\boldsymbol{L}_s^{\Omega_i}$（$\Omega_i$ 表示不同的方位位置），通过入射角余弦的修正和表面小面元对这些散射角光的反射，并对反射后的天空散射光在上半球空间内积分，就可以得到目标表面反射的总散射光。然后，总散射光经过从目标到传感器的传播削弱过程，最终到达传感器的就是 $\boldsymbol{L}_s$，$\boldsymbol{L}_s$ 可以表示为

$$\boldsymbol{L}_s = \tau_r(\theta_r)\iint\limits_{\Omega_i}\boldsymbol{F}_r(\theta_i,\theta_r,\phi)\cos\theta_i\boldsymbol{L}_s^{\Omega_i}(\theta_i,\phi)\,\mathrm{d}\Omega_i \tag{3-5}$$

式中：$\mathrm{d}\Omega_i = \sin\theta_i\mathrm{d}\theta_i\mathrm{d}\phi$；$\boldsymbol{L}_s^{\Omega_i}$ 为 $L_s^{\Omega_i}$ 的斯托克斯矢量形式。

在实际的遥感探测中，一般忽略 L_u 和 $\boldsymbol{L}_u$，在计算 $\boldsymbol{L}_r$ 和 $\boldsymbol{L}_s$ 时，只需要知道大气的衰减因子，因此偏振辐射传输方程可以表示为

$$\begin{aligned}\boldsymbol{L}_t &= \boldsymbol{L}_r + \boldsymbol{L}_s + \boldsymbol{L}_u \\ &= \tau_r\boldsymbol{F}_r\tau_i\cos_i\boldsymbol{E}_s + \tau_r(\theta_r)\iint\limits_{\Omega_i}\boldsymbol{F}_r\cos\theta_i\boldsymbol{L}_s^{\Omega_i}\,\mathrm{d}\Omega_i + \boldsymbol{L}_u\end{aligned} \tag{3-6}$$

即

$$\begin{aligned}\mu\frac{\partial\,\boldsymbol{I}(\tau,\mu,\phi)}{\partial\,\tau} &= \boldsymbol{I}(\tau,\mu,\phi) - \frac{\omega_0}{4\pi}\int_0^{2\pi}\int_{-1}^{+1}P(\tau,\mu,\phi,\mu',\phi')I(\tau,\mu',\phi')\,\mathrm{d}\mu'\mathrm{d}\phi' \\ &\quad - \frac{\omega_0}{4\pi}\mathrm{e}^{(\tau/\mu)}P(\tau,\mu,\phi,\mu_s,\phi_s)E_s\end{aligned}$$

$$\tag{3-7}$$

式中：τ 为大气光学厚度；ω_0 为大气的单次散射反照率；μ 为天顶角的方向余弦；ϕ 为方位角；E_s 为太阳辐照度；$\boldsymbol{I}$ 为斯托克斯矢量。

为了数值计算方便，一般矢量辐射传输方程可简写为

$$u\frac{\partial}{\partial_x}I(x,u,\phi) = I(x,u,\phi) - J(x,u,\phi) \tag{3-8}$$

式中：x 为顶层的光学厚度；u 为偏振角的余弦值；ϕ 为相对方位角。

四个斯托克斯量 $\{I,Q,U,V\}$，I 是总的光强，Q 和 U 是描述的是线性偏振特性，V 描述的是圆偏振特性。偏振度为

$$P = \frac{\sqrt{Q^2+U^2+V^2}}{I} \tag{3-9}$$

对于 $J(x,u,\phi)$ 有

$$J(x,u,\phi) = \frac{\omega(x)}{4\pi}\int_{-1}^{1}\int_{0}^{2\pi}\prod(x,u,u',\phi-\phi')I(x,u',\phi')\,\mathrm{d}\phi'\mathrm{d}u' + Q(x,u,\phi)$$

$$\tag{3-10}$$

式中：ω 为单次反照率。

对于 $Q(x, u, \phi)$ 有

$$Q(x, u, \phi) = \frac{\omega(x)}{4\pi} \prod (x, u, -u_0, \phi-\phi_0) I_0 T_a \mathrm{e}^{-\lambda x} \qquad (3-11)$$

式中：u_0 为太阳天定角；ϕ_0 为相对方位角。

目前，矢量辐射传输模型的典型计算方法有：倍加累加法（RT3）、离散坐标法（VDISORT）及逐次散射法（SOS）。6sv（second simulation of the satellite signal in the solar spectrum vector）是采用逐次散射法求解矢量辐射传输模型的方法，能够计算大气的 4 个斯托克斯参量：辐射亮度、水平偏振、垂直偏振和圆偏振。与其他大气矢量辐射传输计算方程相比计算精度可达 $0.4\% \sim 0.6\%$。因此，本书采用 6sv 方法计算大气光的强度 A_∞ 及偏振度 P_A。在利用矢量辐射传输模型之前，需要对偏振成像探测系统采集的三幅原始偏振图像进行绝对辐射定标。

3.2.1.3 基于偏振特性的水雾环境舰船目标校正算法

在以上分析的基础上，基于偏振特性的水雾环境舰船目标校正算法流程如下：

（1）输入 $0°$、$60°$ 和 $120°$ 三个方向的原始偏振图像，分别进行绝对辐射定标；

（2）计算得到场景的辐射强度值和偏振度值；

（3）将采集数据时的条件代入 6sv 模型求得大气的强度 A_∞ 及偏振度 P_A；

（4）将（2）和（3）得到的结果代入式（3-3），可求得场景校正图像，即景物强度图 L_{object}。

算法流程图如图 3-15 所示。

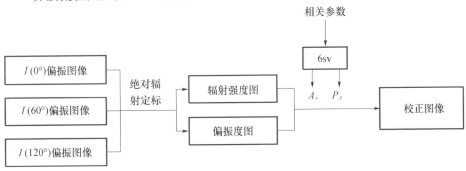

图 3-15 算法流程图

为了验证算法的有效性，对机载探测的舰船目标数据进行处理，采集波段为 605nm，并对校正结果进行评价。表 3-1 为相关探测条件。

表 3-1　探测条件

太阳天顶角	太阳方位角	探测天顶角	探测方位角	大气模式
29°	20°	0°	20°	中纬度夏季
气溶胶模式	能见度	目标高度	探测器高度	
海洋型	1.8km	0m	−1m	

图 3-16（a）～（c）分别为原始 0°、60°、120°三个方向的偏振图像，图 3-16（d）为大气校正前的强度图像，图 3-16（e）为采用本书方法进行校正后的图像。表 3-2 为校正前后图像质量评价结果。

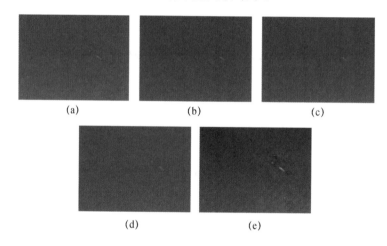

图 3-16　校正前后对比图

(a) 0°偏振图像；(b) 60°偏振图像；(c) 120°偏振图像；

(d) 强度图像；(e) 校正后图像。

采用方差、信息熵、清晰度及目标与背景对比度对校正前后图像进行评价，定义如下：

$$\mathrm{var}=(x-\mu)^2 \tag{3-12}$$

$$\mathrm{En}=-\sum_{i=0}^{M-1}P(i)\log_2 P(i) \tag{3-13}$$

$$\overline{g}=\frac{1}{n}\sum\sqrt{(\Delta I_x^2+\Delta I_y^2)/2} \tag{3-14}$$

式中：μ 为图像的均值；M 为图像的灰度等级；n 为图像的大小。

表 3-2　校正前后图像质量评价结果

校正前后	信息熵	标准差	清晰度	对比度
校正前	4.36	5.34	1.31	14.3
校正后	5.87	15.09	4.29	30.1

从图 3-16 可以看出，校正后图像明显清晰，目标对比度增大。从表 3-2 校正前后指标也说明本节校正方法效果较好。图 3-17 为不同目标校正前后的对比图。

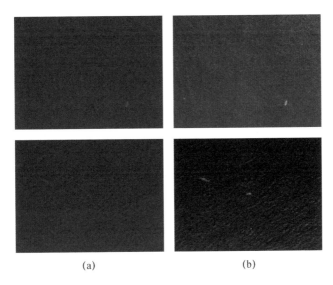

(a)　　　　　　　　　　　　　　(b)

图 3-17　不同目标校正前后的对比图

(a) 强度图像；(b) 校正后图像。

3.2.2　基于 Choquet 模糊积分的多偏振参量融合

由多偏振参量特性分析结论可知，偏振探测系统可以同时获得多幅不同的偏振参量图像，这些图像表征的偏振信息各不相同，对水雾环境抑制的程度也不一样，如何利用各自的优势，取长补短，提高目标对比度是一个值得研究的课题。而图像融合技术就是将多通道的关于同一目标或场景的图像经过一定的处理，融合多源图像中的冗余信息和互补信息，突出和强化图像中的有用信息，增加图像的可靠性以使综合后的信息更加丰富，使图像的特征更适合观察，偏振图像融合是将偏振参量图像与强度图像进行融合，不仅保留了图像的背景信息和较好的视觉特性，而且突出了目标的细节特征，显著提高了图像的质量。

现有的偏振融合方法主要可以分为三类：一是伪彩色融合方法，利用人眼对色彩敏感特性，将偏振信息映射到彩色空间从而增强图像视觉效果；二是基于偏振度的空间调制，根据偏振度大小对图像中的信息进行空间调制，增加目标对比度；三是多尺度几何分析方法，将待融合的强度图像和偏振参量图像（主要是偏振度图像）进行多尺度几何变换，在变换域内对其变换系数进行融合，这种方法在图像融合领域得到了广泛应用。前期主要使用小波变换，研究的重点集中在融合规则上，研究表明融合规则不能从根本上提高图像的质量[2]，所以近年来的研究主要集中在不同的多尺度几何变换上[3-5]，如小波包变换、离散平稳小波变换、Contourlet 变换、非降采样 Contourlet 变换等。不可否认，新的多尺度几何分析方法的运用对偏振图像融合效果有了较大的提高，但是也随之带来一些新的问题，如运算时间长、融合规则复杂。现有的偏振图像融合方法中主要集中在强度图像和偏振度图像间的融合，而实际上偏振参量图像较多，这些偏振参量图像中可能比偏振度图像更能表现目标特性，因此，研究偏振参量图像的自适应选择方法，选择最佳表征目标特征的偏振参量图像参与融合更具有意义。本节主要研究一种基于 Choquet 模糊积分的偏振图像融合新方法，首先采用 Choquet 积分自适应选择最佳的偏振参量图像，其次运用离散平稳小波变换（stationly wavelet transform，SWT）将强度图像和偏振参量图像变换到频域，对频域系数进行基于最大值规则的融合，最后逆变换得到融合后图像。

3.2.2.1 Choquet 模糊积分

定义：设 $f: X \to [0, +\infty]$，μ 是定义在 X 上的模糊测度，f 关于 μ 的 Choquet 模糊积分定义为

$$\int_X f(x) \circ \mu(\cdot) = \int_0^\infty \mu(F_a) \, \mathrm{d}a \qquad (3\text{-}15)$$

式中：$F_a = \{x \mid f(x) \geqslant a, x \in X\}$。

当 X 是一个有限集合，记为 $X = \{x_1, x_2, \cdots, x_n\}$，且 $f: X \to [0, 1]$ 时，Choquet 模糊积分相应变为

$$\int f(x) \mathrm{d}\mu = \sum_{i=1}^{n} [f(x_i) - f(x_{i-1})] \times \mu(A_i) \qquad (3\text{-}16)$$

式中：$A_i = \{x_i, x_{i+1}, \cdots, x_n\}$，$f(x_0) = 0$，且 $0 \leqslant f(x_1) \leqslant f(x_2) \leqslant \cdots \leqslant f(x_n) \leqslant 1$（如果不满足，$X$ 重新排列，使上面关系成立）。

由式（3-15）和式（3-16）可以看出，模糊测度利用了非负单调的集合函

数，即模糊测度来取代加权值，并且利用与模糊测度相关的模糊积分代替普通的加权求和法，可以被看作是非线性可加函数，从多个分类器的一致和相互冲突的结果中找出最大一致性的结果。

3.2.2.2 偏振参量图像的信任函数和模糊测度

由三个方向的原始偏振图像 $I(0°)$、$I(60°)$、$I(120°)$，可以得到强度图 (I) 和偏振参量图，包括偏振度图 (P)、偏振角图 (A)、$0°\sim90°$ 线偏振度图 (Q)、$45°\sim135°$ 线偏振度图 (U)、X 方向振动矢量图 (E_x)、Y 方向振动矢量图 (E_y)、振动矢量差图 (ΔE)、方位角图 (β)。从偏振参量图中选择最佳的图像与强度图融合成为关键。偏振图像融合的目的是在保留强度图像视觉效果的基础上，突显目标的细节、纹理特征。要求偏振参量图像在图像细节、纹理和清晰度上表现较好，由于方差是图像对比度测量，反映图像细节信息量，信息熵反映图像纹理，纹理越丰富，信息熵越大，清晰度反映图像清晰程度以及纹理变换程度，因此，选用方差、信息熵和清晰度这三个属性来衡量偏振参量图像的表现。

根据模糊积分关于信任函数的定义可知，$f(X_i)\leqslant1$，因此，对三个属性构建如下信任函数，即

$$f(X_i)=\frac{X_i/\overline{X}}{\text{Max}(X_i)} \quad (X=\text{var},\text{En},\overline{g};i=U,Q,P,\theta,E_x,E_y,\Delta E,\beta) \quad (3\text{-}17)$$

模糊测度 g 的值反映每个属性的重要程度，需满足 $\sum g(X_i)=1$，可以为每个属性分配固定的权重，也可以根据信任函数值大小来设定，如

$$g(X_i)=\frac{f(X_i)}{\sum f(X_i)} \quad (3\text{-}18)$$

3.2.2.3 离散平稳小波变换的偏振参量图像自适应选择

离散小波变换（discrete wavelet transform，DWT）存在平移敏感性差的不足，这对于图像融合来说影响较大。因此，本书选择 SWT，小波基选择 DB3 小波，具有平移不变性的特点，图像融合效果要好。基于 SWT 的偏振参量图像自适应选择算法流程如图 3-18 所示。

基本算法流程如下：

（1）输入 $0°$、$60°$ 和 $120°$ 三个方向的原始偏振图像；

（2）解析出强度图像和各偏振参量图像；

（3）对于偏振参量图像，分别由式（3-12）～式（3-14）计算图像的方差、信息熵和清晰度；

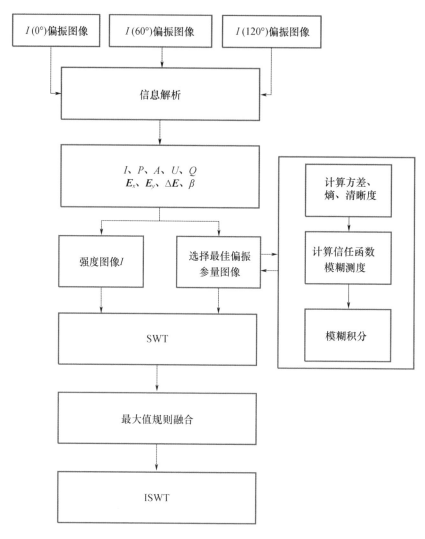

图 3-18 基于 SWT 的偏振参量图像自适应选择算法流程

（4）由式（3-17）、式（3-18）分别计算各偏振参量图像的信任函数和模糊测度，然后计算得到其模糊积分值；

（5）将强度图像和模糊积分值最大的偏振参量进行 SWT；

（6）在频域内进行最大值规则融合；

（7）将融合结果进行离散平稳小波逆变换，得到最终的融合结果。

为了验证算法的有效性，对偏振图像采用本书方法进行融合后的图像，并与小波融合方法、SWT 融合方法、CT 融合方法、NSCT 融合方法进行比较，融合后图像如图 3-19 所示。

(a)   (b)   (c)

(d)   (e)

图 3-19　融合后图像

（a）小波融合；（b）CT 融合；（c）SWT 融合；（d）NSCT 融合；（e）本书方法融合。

为了更进一步评价融合的效果，本书选取信息熵、标准差、清晰度和对比度作为图像的衡量指标，如表 3-3 所列。

表 3-3　校正前后不同评价指标

融合方法	信息熵	标准差	清晰度	对比度
小波融合	5.64	12.27	7.5	5.4
CT 融合	5.2	9.6	7.4	6.5
SWT 融合	5.7	14.8	4.2	5.9
NSCT 融合	5.9	15.5	7.5	7.8
本书方法融合	6.0	13.3	8.5	16.4

从偏振融合的效果来看，本书方法可以从众多偏振参量图像中选择合适的偏振参量图像。从试验结果来看，选择合适的偏振参量图像对融合效果影响较大，融合结果目标的对比度明显增加，信息更加丰富，有利于对目标的检测。

3.3　基于视觉显著性的舰船目标偏振图像检测

检测水雾环境下水面背景舰船目标一直是战场侦察、水面监视和目标识别的重要课题。在 3.2 节中，利用偏振信息增强了水雾环境舰船目标与水面背景对比度。如何利用目标和背景的差异信息将舰船目标检测出来是本节所要研究的问题。

本节在 3.1 节、3.2 节研究的基础上，首先利用图像签名算子将含有显著目标的区域分割出来，然后仅在该区域中利用频率调谐的显著性检测方法提取显著目标。

3.3.1 水雾环境舰船目标偏振图像检测的特点

在经过 3.2 节对舰船目标进行增强后，目标的对比度有了一定的提高，使目标检测降低了难度。另外，需要检测的图像场景包括舰船目标及水面背景，而且一般情况下，水面背景的面积远远大于舰船目标的面积，同时水面存在大量杂波。检测的目的主要是将舰船目标提取出来，通常的检测对象是所有区域，这样显然降低了检测效率，又容易受到水杂波的干扰。如果首先将存在舰船目标的部分区域分离出来，将其他区域直接舍去，仅对该区域进行检测，不仅有利于提高检测效率，更有利于抑制水杂波的干扰。

显著性机制是计算机视觉领域研究的一个热点，引起许多学者的广泛关注[6-10]。目前，一些学者在研究水面舰船目标问题时引入了视觉显著性机制，并取得了一些效果。丁正虎等[8]将显著性机制引入到多光谱图像的舰船目标检测中，在解决不同波段的特征提取时提出了一种双四元的视觉显著性模型。该方法检测效果良好，具有较好的鲁棒性，但是依赖于多光谱信息。Achanta 等[9]提出了一种频率调谐（frequen-cy tuned，FT）显著性检测方法，首先将图像进行高斯滤波，通过计算与特征均值的差异作为显著度，进而得到显著图。该方法能够提取较完整的目标，简单且分辨率高。但是该方法计算场景的全局特征，不仅易受水杂波的干扰，而且由于计算大量不包括目标的水面，造成运算时间过长，效果有限。Hou 等[10]利用离散余弦变换（discrete cosine transform，DCT）的符号信息定义了一种"图像签名"（image signature，IS）算子来提取图像的显著性区域。该方法能够准确突出图像中的显著目标，但是提取显著图分辨率不高，不利于对目标进行检测与识别。

综上所述，针对水雾环境舰船目标偏振图像检测的特点，综合利用 FT 算法与 IS 算法的优点，将会达到事半功倍的效果。首先利用 IS 算法提取舰船目标所在的显著区域，然后仅在该区域检测舰船目标，不仅可以减少运算时间，提高检测效率，同时也降低了水杂波的干扰。

3.3.2 基于图像签名算子的显著性区域分割

图像感兴趣区域（ROI）是最容易吸引观察者注意的区域，也称为视觉显著区域。在图像处理过程中，如果只对图像 ROI 进行处理，不仅可以减少计算量，从而提高运行效率，而且可还以降低非 ROI 对结果造成的干扰。因此，研究提取图像 ROI 具有重要意义。由于 Hou 等算法计算简便且检测较为精确，因此，采用 Hou 等算法提取显著性区域。

利用 DCT 的符号函数定义了一种"图像签名"算子，公式如下：

$$\text{ImageSignature}(x) = \text{sign}(\text{DCT}(x)) \tag{3-19}$$

图像可以分为前景部分和背景部分，一般情况下，相对于背景部分，前景部分更能引起人们的注意。Hou 等证明了图像签名集中了图像的前景信息，由图像签名重构的图像 $\overline{x}$ 可认为是前景目标的检测图。因此，利用图像签名的重构图来构建显著图 M，公式如下：

$$\begin{cases} \overline{x} = \text{IDCT}(\text{ImageSignature}(x)) \\ M = g * (\overline{x} \circ \overline{x}) \end{cases} \tag{3-20}$$

式中：g 为高斯平滑函数；"$*$"为卷积运算；"$\circ$"为 Hadamard 乘积。

设置阈值 T，分割显著图 M，用水平放置的最小外接矩形逼近分割区域，则该矩形即为显著性区域 M_{ROC}。阈值 T 的大小决定显著区域的大小，根据经验，一般选取显著图 M 最大显著度值的 90%。

$$\begin{cases} M_{\text{ROC}} = 1 & (M \geqslant T) \\ M_{\text{ROC}} = 0 & (其他) \end{cases} \tag{3-21}$$

3.3.3 基于频域调谐的显著目标检测

在频率域中，图像可以分解为高频部分和低频部分。高频部分代表图像的细节信息，如纹理信息。低频部分代表图像的整体信息，如轮廓信息。设低频截断阈值为 W_{lc}，高频截断阈值为 W_{hc}。在提取显著性目标时，为了突出目标的整体信息，而不是只突出目标的部分信息，需要原始图像非常低的频率，即 W_{lc} 要更加低一些。同时，为了获得更加丰富的信息，需要保持原始图像高频部分，即 W_{hc} 要尽可能高一些。但是，图像最高频信息可能是噪声，需要去除这一部分信息。因此，为了设置合适的 W_{lc} 及 W_{hc} 值，选择合适的带通滤波器$[W_{\text{lc}}, W_{\text{hc}}]$对显著目标的提取是非常必要的。

由于高斯差分滤波器（different of Gaussian，DOG）有效地逼近拉普拉斯高斯滤波器，被广泛地应用于边缘检测。同时，高斯差分滤波器也常用于显著性目标检测。因此，可以利用高斯差分滤波器作为带通滤波器，来获得 W_{lc} 和 W_{hc} 值。其公式为

$$\text{DOG}(x,\ y) = \frac{1}{2\pi}\left[\frac{1}{\sigma_1^2} e^{-\frac{(x^2+y^2)}{2\sigma_1^2}} - \frac{1}{\sigma_2^2} e^{-\frac{(x^2+y^2)}{2\sigma_2^2}} \right] \tag{3-22}$$
$$= G(x,\ y,\ \sigma_1) - G(x,\ y,\ \sigma_2)$$

式中：σ_1、$\sigma_2(\sigma_1 > \sigma_2)$ 为高斯滤差分波器的标准方差。

如果定义 σ_1 与 σ_2 的比率为 ρ，即

$$\rho = \frac{\sigma_1}{\sigma_2} \tag{3-23}$$

那么，高斯差分滤波器的带宽由 ρ 决定。为了能更好地检测目标的边缘信息，选择最合适的比率 ρ 为 1.6[11]。然而，这样却限定了高斯差分滤波器的通过带宽，以至于使用一个高斯差分滤波器很难得到足够大的 $[W_{lc},\ W_{hc}]$。因此，需要将多个高斯差分滤波器组成一个组合的高斯差分滤波器，定义 $\sigma_2 = \sigma$，$\sigma_1 = \rho\sigma$，则组合的高斯差分滤波器为

$$F_N = \sum_{n=0}^{N-1} G(x,y,\rho^{n+1}\sigma) - G(x,y,\rho^n\sigma) \tag{3-24}$$
$$= G(x,y,\sigma\rho^N) - G(x,y,\sigma)$$

式中：N 为正整数；F_N 为两个高斯函数的差，此时该组合滤波器的带宽由 $K = \rho^N$ 决定。

因为 $\sigma_1 > \sigma_2$，所以 W_{lc} 的大小由 σ_1 决定，W_{hc} 的大小由 σ_2 决定。为了滤波器能够通过更多的频率，σ_1 必须尽可能大，也就是使 K 足够大。在实际计算时，通常采用 $N = \infty$，这时 $G(x,\ y,\ \sigma\rho^N)$ 就是图像的平均值。那么，显著图的计算公式为

$$S(x,\ y) = |I_u - I_{whc}(x,\ y)| \tag{3-25}$$

式中：w 和 h 分别为原始图像宽和高，$\forall x \in [1,w]$，$y \in [1,h]$；$S(x,y)$ 为像素点 (x,y) 的显著度值；I_u 为图像 I 的算术平均灰度值；I_{whc} 为该图像经过高斯模糊后的值。由于只对这两者的差值大小感兴趣，因此用绝对值表示。

在求得显著图 S 的基础上提取图像的显著目标。首先对原始图像进行分割，分割的目的并不是直接得到具体目标，而是通过平均显著度来判断分割

结果是否为显著区域，需要把图像分割成较多区域。相对于 K 均值算法，均值漂移算法能够更好地分割出边界信息。因此，采用了均值漂移算法。假设图像通过均值漂移算法得到分割区域 $r_k(k=1，2，\cdots，K)$，对应上面求得的显著图 S，对每个分割区域 r_k 的显著值计算平均值 V_k，即

$$V_k = \frac{1}{|r_k|}\sum_{x,j\in r_k}S(x,y) \tag{3-26}$$

式中：$|r_k|$ 为分割区域 r_k 的像素数。

由于一幅图像采用固定的阈值效果并不一定好，因此本书采用了自适应阈值 T，该值大小设定为平均显著值的两倍，V_k 小于 T 的区域被去除，剩余的就是图像的显著目标。T 的公式如下：

$$T = \frac{2}{w\times h}\sum_{x=0}^{w-1}\sum_{y=0}^{h-1}S(x,y) \tag{3-27}$$

综上所述，提出的视觉显著性机制的舰船目标检测算法描述如下：

（1）获取显著区域，利用式（3-20）对输入图像求取显著图，获取显著区域；

（2）获取显著区域的显著图，利用式（3-26）求取（1）中显著区域的显著图 S；

（3）提取显著目标，对显著图 S 利用式（3-27）提取显著目标。

算法的流程图如图 3-20 所示。

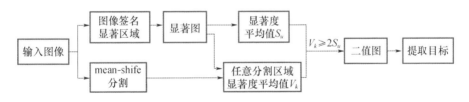

图 3-20　算法的流程图

为验证算法的有效性，对 3.2 节得到的对比度增强后的偏振图像进行试验。如图 3-21 所示为根据算法流程对水面背景舰船的检测结果。从检测结果来看，能够较精确地提取水面背景中的舰船目标。

为了判断算法生成显著性图的准确性，通常是将二值化的显著图与人工分割的真实图进行比较得到。通过固定阈值分割法可以将显著图生成二值图像。显著性图的灰度值的范围为 $\mathrm{Sal}\in[0,255]$，设定阈值为 T 时，便可以得到显著图的二值化图，其中 $\mathrm{Sal}\geqslant T$ 为前景，否侧为背景。对于每一幅显著图，若阈值 T 从 0 变化到 255，则可得到 256 幅显著图的二值化图。

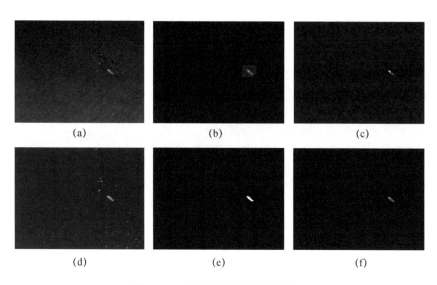

图 3-21　水面背景舰船的检测结果

（a）偏振图像；（b）显著区域提取结果；（c）显著图；（d）mean-shift 分割图；
（e）二值化图；（f）显著目标提取结果。

目前，测定显著性图的准确程度有两种方法：准确率召回率（ROC）曲线和 F-Measure（F_{β}）方法。ROC 曲线评价方法需要的性能参数有：①TP（true positives），像素点同时位于二值化图和真实图的前景区域；②FP（false positives），像素点位于二值化图的前景区域但位于真实图的背景区域；③TN（true negatives），像素点同时位于二值化图和真实图的背景区域；④FN（false negatives），像素点位于二值化图的背景区域但位于真实图的前景区域。则显著性的准确率（precision）和召回率（recall）公式为

$$\begin{cases} \text{precision} = \dfrac{\text{TP}}{\text{TP} + \text{FP}} \\ \text{recall} = \dfrac{\text{TP}}{\text{TP} + \text{FN}} \end{cases} \tag{3-28}$$

准确率和召回率没有必然的关系，但两者之间是相互制约的。高准确率说明检测的显著区域都位于真实图的前景区域，但不能确定显著区域都位于真实图的前景区域。高召回率说明检测的显著区域能够尽可能地覆盖真实图的前景区域，但是不能确保显著区域都是真实的显著区域。如果一种算法在保证较高准确率的前提下能够获得较高的召回率，说明该算法能够较好地检测显著目标所在的区域，并且与目标的形状非常接近。

F_{β} 是准确率和召回率的函数，综合了这两者的评价指标，其公式为

$$F_\beta = \frac{(1+\beta^2)\,\text{precision} \times \text{recall}}{\beta^2\,\text{precision} + \text{recall}} \tag{3-29}$$

为了使正确率的权重高于召回率，选择 $\beta^2 = 0.3$ 计算 F_β。

针对 3.2 节处理的不同背景的偏振图像，利用本节算法进行处理，并与 GBVS 方法、SR 方法、FT 方法进行比较。如图 3-22 所示为不同显著性检测方法对比，与其他方法相比，本节方法明显优于其他方法。

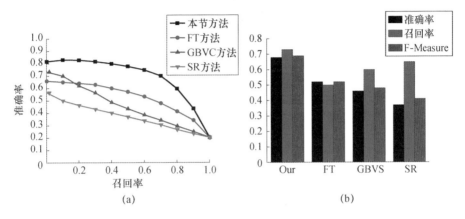

(a)　　　　　　　　　　　　　　(b)

图 3-22　不同显著性检测方法对比

(a) ROC 曲线；(b) F-Measure。

如图 3-23 所示为不同显著性检测方法的部分处理结果，图（a）为经对比度增强的偏振图像，图（b）为人工分割的真实图，图（c）为 GBVS 方法的显著性图，图（d）为 SR 方法的显著性图，图（e）为 FT 方法的显著性图，图（f）为本节方法的显著性图。本节方法的显著性图轮廓和形状更加清晰。

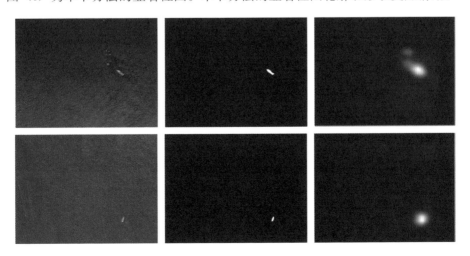

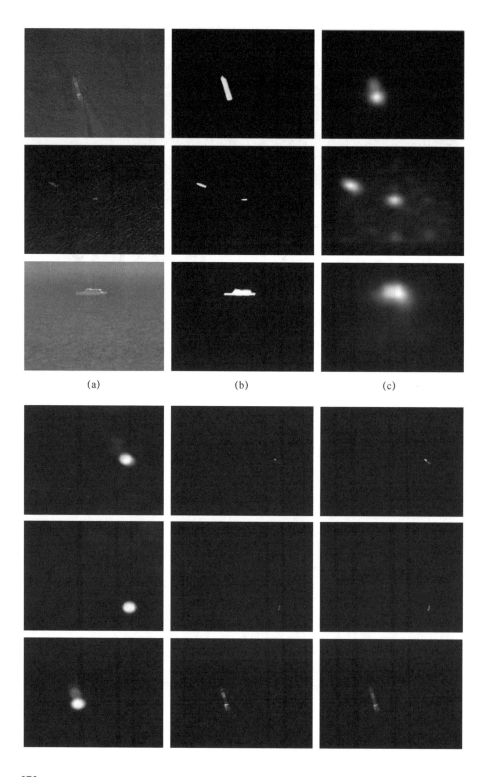

(a)　　　　　　　　(b)　　　　　　　　(c)

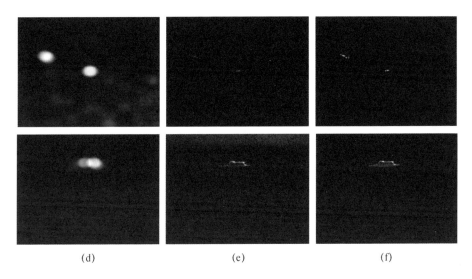

图 3-23　不同显著性检测方法的部分处理结果

（a）偏振图像；（b）真实值；（c）GBVS；（d）SR；（e）FT；（f）本节方法。

参考文献

[1] 尹成亮，王峰，袁宏武. 雾对水面舰船目标的偏振特性的影响研究［J］. 红外，2014，（5）：19-23.

[2] LI S，YANG B，HU J. Performance comparison of different multi-resolution transforms for lmage fusion［J］. Information Fusion，2011，12（2）：74-84.

[3] 张雨晨，李江勇. 基于小波变换的中波红外偏振图像融合［J］. 激光与红外，2020，50（5）：578-582.

[4] 王利杰，赵海丽，祝勇，等. 基于多尺度变换的水下偏振图像融合研究［J］. 应用激光，2018，38（5）：842-846.

[5] 于津强，段锦，陈伟民，等. 基于 NSST 与自适应 SPCNN 的水下偏振图像融合［J］. 激光与光电子学进展，2020，57（6）：103-113.

[6] 李勇. 基于区域对比度的视觉显著性检测算法研究［D］. 上海：上海交通大学，2013.

[7] 仇媛媛. 基于视觉显著性的物体检测方法研究［D］. 上海：上海交通大学，2013.

[8] 丁正虎，余映，王斌，等. 选择性视觉注意机制下的多光谱图像舰船检测［J］. 计算机辅助设计与图形学学报，2011，23（3）：421-425.

[9] ACHANTA R，HEMAMI S，ESTRADA F，et al. Frequency-tuned salient region detection［C］// Proc. IEEE Conf. Comput. Vis. Pattern Recognit. Workshop，USA，2009.

[10] HOU X D, HAREL J, KOCH C. Image signature: highlighting sparse salient regions [J] . IEEE Transactions on Pattern Analysis and Machine Intelligence, 2012, 34 (1): 194-201.

[11] CHENC M M, ZHANC G X, MITRA N, et al. Global contrast based salient region detection [C] // Proc. IEEE Conf. Comput. Vis. Pattern Recognit. , USA, 2011.

第4章
云层背景空中红外偏振成像探测技术

目标的红外数据反映的是目标的红外辐射强度值,通过红外辐射强度值反演目标的理化特性。由于红外辐射强度值对温度极为敏感,而且目标与周围环境存在热交换,加之大气的散射与吸收作用,尤其当目标与背景红外辐射强度相近时,会使得红外图像对比度很低,难以区分目标与背景。对于天空背景而言,存在大面积云背景的天空背景是红外背景的一种典型情况,由于缺乏天空云背景的先验信息,空中目标的信噪比很低,且极易淹没在强噪声云背景中,从而使得天空云层背景下飞行类目标难以探测,这对发现、识别空中目标带来了很大的难度。红外偏振成像由于利用了目标辐射能量的偏振特征作为探测信息,相比传统红外成像所获得的强度信息,增加目标的偏振信息,在信息维度的获取上有了新的进步[1]。因此,研究天空云背景下目标的红外偏振成像探测技术具有重要的意义。

4.1 云层背景空中目标红外图像特点与红外偏振特性分析

4.1.1 红外图像云背景特点及噪声特性分析

红外图像一般由目标、背景和噪声组成,要在低对比度的空中红外云背景中探测到红外目标存在不同情况和难度,这是由红外目标、背景以及噪声的特性决定的,需要对其进行分析。

4.1.1.1　红外目标特性分析

天空背景下的目标主要是飞机、导弹等，根据目标距离的不同，目标可能呈现面目标、小目标形态，目标往往存在动态变化，同时目标存在着由远飞近以及由近飞远的过程，导致目标尺寸大小可能存在着渐变。

对于天空背景下近距离的红外目标而言，一般呈现面目标形态，但是区别于可见光图像，红外面目标整体表现为亮度值高于周围背景像素值的团块，缺乏明显的边缘、形状、纹理等信息。此外，对于近距离飞机等包含尾焰的红外目标图像，目标常包含不同形状的拖尾。对于天空背景下距离较远的红外目标，目标常呈现小目标形态，由于成像距离远、大气散射严重，目标映射在成像阵列上仅占几个或几十个像素，目标辐射能量被严重削减，导致目标形态分布上表现为一定大小的亮点或者光斑，其灰度分布与周围背景像素表现出一定的差异性，对比度、信噪比均可能较低。弱小目标所包含的信息更少，一般来说可以利用的仅仅是目标与背景在局部区域的灰度分布差异性以及目标的帧间相关性[2]。

总而言之，对于天空背景下的红外目标，一般分为面目标和小目标，其特性具有一定差异，在处理方式上一般也应有所区别。

4.1.1.2　天空背景特性分析

一般情况下，图像中天空背景是大面积缓慢变化的场景，像素间具有一定的相关性，背景表现为图像频域的低频部分。对于红外成像系统，图像帧频一般较高，可以认为在一定时间内，相邻帧间背景灰度变化不大。

对于天空背景，其成分元素主要包括云层、建筑物以及其他遮挡物等，云层是影响背景图像的关键因素。云层是由大气中的冰晶、水滴以及它们的混合物组成的具有一定层次分布和几何形体的悬浮体。云层具有不同的高度和光学厚度，因此云层分布姿态万千。但云层的物理属性都是相似的，在云层的辐射特性方面，主要影响因素为云层对太阳光辐射的透射和散射[3]。

云层在天空背景红外图像中表现为主要的干扰源，天空背景中常包含不同亮度、温度的云团，在红外图像中表现为不同形状、不同亮度分布的团块，而云层边缘常表现出亮度的突变，可能对目标探测产生影响。

受云层形成的物理机制的限制，云层背景的红外辐射强度一般呈现出渐变的状况，在空间散布上表现为大面积、持续的分布。而由于云层在红外波段的反射系数较高，在多数红外图像中云层均表现为高亮区域，这可能对目标探测产生干扰。根据图像像素灰度分布的起伏情况，可以将背景分为平稳背景、弱起伏背景和强起伏背景三类[4]。

如图 4-1 所示为典型不同灰度分布的天空背景图像及其三维图像，可以看出，平缓天空和亮云团均呈现连续分布，不同云层背景灰度分布的起伏导致背景差异较大，而云层在背景中一般表现为亮度较大的区域，相较于平缓的天空背景，云层对红外目标探测的影响较大。

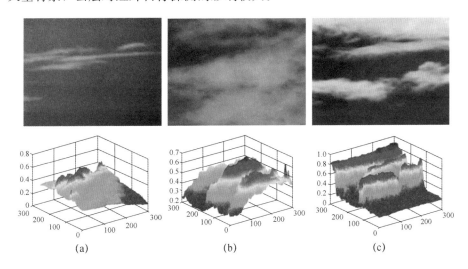

图 4-1 典型不同灰度分布的天空背景图像及其三维图像

（a）平稳背景；（b）弱起伏背景；（c）强起伏背景。

此外，若飞机类目标在天空背景下飞行，存在靠近云层、被云层遮挡、进入云层变弱、穿出云层等过程，这是云层背景对目标探测产生影响的一个重要方面。

4.1.1.3 红外图像噪声特性分析

一般红外图像是辐射成像，仅对图像中物体的温度变化敏感，其成像特点是图像中目标的亮度随目标温度的变化而变化，且仅显示目标的轮廓信息而对纹理特征不敏感，因此，红外图像比可见光图像成像质量差。除了成像波段的影响之外，红外探测器噪声以及探测器本身含有的局部坏点等是导致红外图像质量下降的主要原因。对于红外成像系统而言，探测器噪声强度一般远大于其他环节的噪声强度，这种噪声很难避免[5]。探测器噪声主要包含两个方面：一方面是探测器自身的噪声；另一方面是扫描系统的扫描噪声或者凝视系统的探测器非均匀性、非线性以及行与行之间的噪声等。虽然这些噪声很难避免，但是除了探测器自身的噪声外，其余的噪声可以通过图像处理或者定标等其他手段加以抑制。

噪声一方面限制了红外探测器对红外辐射的灵敏度,另一方面也限制了红外探测器的动态范围。按照噪声的产生机理,可以将红外探测器系统的噪声分为热噪声、散粒噪声、产生-复合噪声、光子噪声以及$1/f$噪声等。

一般情况下热噪声、散粒噪声、产生-复合噪声以及光子噪声均可近似为高斯噪声,不具有帧间运动相关性。噪声一般表现为与小目标类似的高频特性,但是在空间分布上表现出随机性。对于单帧红外图像而言,噪声是背景中的亮度奇异点,是图像中的高频部分,很容易被误检为小目标,导致目标检测的虚警[6]。因此,一般红外弱小目标检测算法中通常利用噪声帧间的不相关性以及目标的帧间运动相关性,通过序列图像的处理实现红外弱小目标的检测。而$1/f$噪声则可以通过良好的电路设计来抑制,通过限制低频端的调制频率可以一定程度上减小该类型噪声的影响。

4.1.1.4 天空背景红外目标探测特点分析

通过对天空背景下目标、背景以及噪声的特性分析,可以发现这三者对空中目标探测均存在不同程度的影响,由于噪声可以通过图像处理或者红外非均匀性校正等手段进行抑制,因此对目标探测产生主要影响的因素来自于目标自身以及天空背景[7]。天空背景下红外目标探测特点主要有以下几个方面。

1. 尺寸变化

目标在天空背景下飞行,存在目标由远及近或由近及远飞行的情况,目标距离的变化导致红外图像中目标尺寸的渐变。当目标由近及远飞行时,目标尺寸由大逐渐变小,在这个过程中,目标所占的像素数量会逐渐变少,反之则逐渐增多。

2. 姿态变化

目标姿态变化也是一种常见的困难情形,视角变化、目标自身旋转等均可能导致图像中目标姿态变化,此时目标的形状、大小、轮廓等信息可能发生显著变化,导致目标某些特征的突变。

3. 遮挡

背景遮挡是目标探测中一种常见的困难情形,在红外目标探测中也十分常见。对于天空背景下的红外目标,常见的遮挡物是云层,除此之外,从地面探测空中目标,存在地面建筑、树木等目标遮挡情况,对目标探测带来一定的困难。

4. 干扰

天空背景下的红外目标其显著特征为灰度特征，一般红外目标灰度高于背景，但是由于云层的辐射强度较大，在红外图像中也表现为亮度较高的连续区域。因此，在天空背景下进行红外目标探测时，云层背景是对目标造成干扰的主要因素之一，并且当相似目标出现时，也可能对实际探测的目标产生干扰。

5. 弱小目标

当成像距离较远时，目标常呈现弱小目标形态。典型的红外弱小目标不仅占像素数量少，而且灰度信息上较周围像素差异较小，缺乏明显的可探测特征。除此之外，运动模糊、光照变化等也会对天空背景下红外目标的探测造成影响。

4.1.2 云层背景空中目标红外偏振图像特点

一般来说，从信号组成的角度上讲，红外偏振图像与传统的红外图像基本一致，都是有目标图像、背景图像以及干扰噪声三部分组成的[8]。

在红外图像中，由于天空背景中云层占据了大部分区域，且云背景有缓慢变化的云层，云层内部的灰度分布呈现出比较均匀的特点，因此，红外图像中的空中目标与非云层的天空背景相比具有较大的对比度，但与云层的对比度较低，对目标探测产生较大的影响。

在红外偏振图像中，由于空中的飞机类目标是人造目标，表面较光滑，表面起偏效应较明显，体现出较高的偏振度，而云层空间由于非平稳随机分布特性，则体现出较低的偏振度，其偏振特征较弱，且分布不均匀。

此外，在地面与天空的交界处，云层与天空的交界处灰度变化比较明显，存在一部分高频信息，背景图像中相同特征区域的边缘往往出现此类高频信息，这在红外偏振图像中体现出一定的噪声效应，这种噪声属于目标图像本身的噪声，如物体的红外辐射受到背景的干扰而不稳定，目标的运动也会使温度发生变化的噪声。此外，还有一种噪声是探测系统本身的噪声干扰，红外偏振成像系统在探测过程中，需要经过多层装置，这些装置不仅仅是光学设备，还会有电力驱动的处理装置，所以非平稳的电流噪声就成了不可避免的噪声干扰。这些噪声会对红外偏振图像中的目标检测产生一定的干扰[9]。因此，在红外偏振图像中，研究提高目标与背景对比度的同时，如何去噪声、去除干扰、提高检测率是研究的一个重点。

图 4-2 为空中云层背景飞机类目标传统红外图像与红外偏振图像的对比效果。

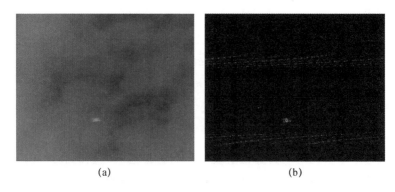

（a）   （b）

图 4-2　空中云层背景飞机类目标传统红外图像与红外偏振图像的对比效果

（a）传统红外图像；（b）红外偏振图。

从图 4-2 中可以看出，传统的红外图像无法过滤掉云层亮带、天空杂波等干扰信息，这种方式探测到的只是物体表面的热辐射强度，结果探测的空中飞机目标容易淹没在云层背景当中。而从红外偏振图像中可以看到，尽管云层与天空的交界处存在比较明显的灰度变化，这在外偏振图像中会体现出一定的噪声效应，但是由于自然云层背景的表面不规则，在长波下往往没有偏振特性，而飞机等人造目标的表面十分规则，在长波条件的偏振特性非常明显[10]。因此，相对于传统红外图像，红外偏振具有一定抑制背景的干扰，突出目标信息的效果。

4.1.3　不同云层背景红外偏振成像探测影响

在天空云背景下，尽管红外偏振图像能够较好地对非人造目标或者非光滑表面的云层进行抑制，但天空中的云层也存在薄云、中云、厚云等 3 种情况，云层的厚度将直接影响红外偏振成像质量，同时也影响云层背景下对飞机目标的偏振成像探测效果[11]。

因此，可以采用目标/背景局部对比度（以下统称为对比度）与背景灰度标准差（以下统称为标准差）来分析不同云层背景对目标探测的影响。对比度的定义为

$$C=\frac{I_a-I_b}{I_a+I_b} \tag{4-1}$$

式中：I_a 为目标的平均灰度；I_b 为除目标外其他背景的平均灰度。对比度反映了目标在图像中的质量，反映了目标的可探测性高低。

标准差的定义为

$$\sigma = \sqrt{\frac{1}{N}\sum_{i=1}^{N}(x_i - \mu)^2} \tag{4-2}$$

式中：x_i 为背景中每个像素点的灰度值；N 为背景像素点的总数；μ 为背景的平均灰度值，它反映了背景杂波信号的起伏。

图 4-3 是不同稀薄程度云层背景下红外与红外偏振图像。根据云层的稀疏程度，在图 4-3 中选取 3 种不同云层背景条件，区域 1、2、3 分别代表云层稀薄、中等和较厚 3 种背景，无人机分别位于上述 3 种云层背景条件下，针对强度、偏振度和偏振角图像，计算这 3 种背景的标准差以及无人机目标与 3 种背景的对比度，计算中背景区域按照目标等效区域直径的 3 倍进行选取，结果如表 4-1 所列。

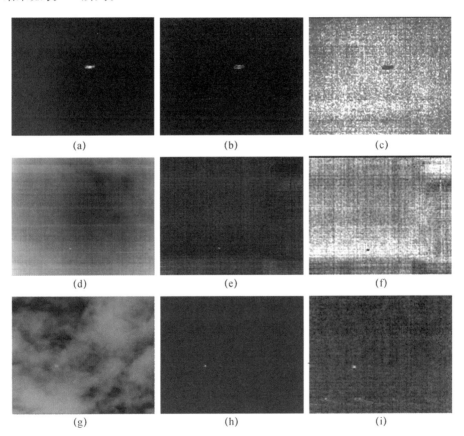

图 4-3　不同稀薄程度云层背景下红外图像与红外偏振图像

（a）稀薄云层红外图像；（b）稀薄云层偏振度图像；（c）稀薄云层偏振角图像；

（d）中等云层红外图像；（e）中等云层偏振度图像；（f）中等云层偏振角图像；

（g）较厚云层红外图像；（h）较厚云层偏振度图像；（i）较厚云层偏振角图像。

表 4-1　不同稀薄程度云层背景下红外与红外偏振图像目标与背景指标对比

图像类型	区域 1		区域 2		区域 3	
	对比度	标准差	对比度	标准差	对比度	标准差
强度图像	13.2	12.9	5	28.8	1.2	9.2
偏振度图像	7.2	10.7	8.2	9.1	4.4	7.2
偏振角图像	2.4	9.1	7.3	6.5	3.6	6.6

表 4-1 是不同稀薄程度云层背景下红外与红外偏振图像目标与背景指标对比。由表 4-1 计算结果可以看出无人机目标在云层稀薄背景条件下，其强度图像对比度大于偏振度和偏振角图像，这与主观评价效果一致。但是在图 4-3（b）、（c）的偏振度和偏振角图像中，可以看出无人机目标的轮廓更加明晰，目标边缘的清晰度有所提升，目标的形状已初步显现，可以分辨出目标为无人机，这将非常有利于目标的识别，对于中等和较厚云层背景来说，从表 4-1 中可以发现偏振度和偏振角图像标准差都小于强度图像，这说明其背景杂乱程度都低于强度图像，偏振成像可以有效地抑制背景杂波的起伏且偏振角图像抑制作用更明显。

此外，对于中等云层背景，强度图像标准差是稀薄云层背景的 2 倍多，说明变化的云层厚度增加了强度图像背景的杂乱程度。强度图像对比度降为原来的 1/2 以下，而偏振度、偏振角图像对比度变化不大，表明目标的红外偏振成像不易受到云层背景杂波的影响，更加有利于目标的探测。

对于选取的较厚云层背景区域，云层几乎布满了整个区域，强度图像中这一区域的背景灰度值较高，对比度几乎为 1，即目标与背景的灰度值几乎相同，非常不利于目标的探测。而偏振度、偏振角图像对比度都是强度图像的好几倍，更有利于完成目标的探测任务。

通过研究发现，作为地面对空中飞机类目标的探测手段，相比于红外强度探测技术，红外偏振成像技术更加凸显目标的细节及整体轮廓特征，对消除背景杂波的干扰具有一定优势。此外，飞机类目标由于位于天空背景的连续运动过程中，其红外强度信号可能在强杂波处被湮没，而红外偏振成像技术则可能利用偏振信息更有效地完成探测效果。

4.2　红外偏振云背景噪声抑制与目标检测方法研究

在天空背景下，尽管红外偏振图像能够较好地对非人造目标或者非光滑表面的云层进行抑制，但仍存在不同程度的噪声干扰，这些噪声会影响目标探测的精度，造成目标误判，影响云层背景中的空中目标检测，如何通过各种手段，将这些噪声的信号过滤和抑制，提高检测效果是需要研究的难题[12]。为此，将研究一种利用噪声信号与背景信号特性的不一致性进行去噪的方法来解决这个问题。

4.2.1 红外偏振与强度图像特性分析

由于中波红外波段易受到太阳耀光影响，为避免此影响，采用对反射耀光不敏感的 $8\sim12\ \mu m$ 的长波红外波段采集飞机目标图像。选用像元耦合微偏振片阵列型红外偏振成像系统，工作波段为 $8\sim12\ \mu m$，成像分辨率为 640×512。该系统采用将像元和微偏振器件集成在同一焦平面上的方式，通过在像元上光刻金属线栅实现一个像元对应一个方向的微偏振器件，其中，相邻 4 个像元组成一个 2×2 排列的偏振超级像元的形式，4 个像元一对一分别对应焦平面前的 $0°$、$45°$、$90°$、$135°$ 四个微偏振片，每个超级像元内可同时获取上述 4 个方向的偏振信息响应实现入射光的斯托克斯矢量、偏振度、偏振角等偏振信息的计算，完成对场景偏振信息的解析[13]。微偏振片-焦平面阵列示意图如图 4-4 所示。

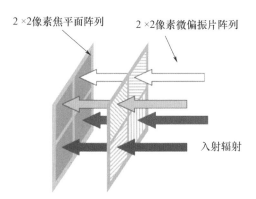

图 4-4 微偏振片-焦平面阵列示意图

利用像元耦合微偏振片阵列型红外偏振成像系统，采集到天空云层背景下目标的 $0°$、$45°$、$90°$、$135°$ 红外偏振图像，解析出强度图像和偏振度图像进行对比分析可以得出以下结论：

（1）不同偏振方向的红外偏振图像有所差异。其中，$0°$ 与 $90°$ 偏振图像差异最大，尤其在 $90°$ 偏振图像天空云层区域灰度值较其他偏振方向降低明显，目标与背景对比度相对较高，可以得到目标具有较强偏振特征。

（2）通过对比红外图像和红外偏振图像及其三维图可以发现，红外图像易受到复杂云层背景的影响使得目标与背景难以分辨，导致检测飞机目标较为困难，而红外偏振图像中天空和大多数云层背景为低偏或无偏，飞机类人造目标则偏振度较高，这使得红外偏振图像中呈现出"阶梯"状，易于分割天空背景与目标。

（3）目标与背景局部对比度是飞机目标检测的一个重要指标，通常目标与背景局部对比度定义为

$$C=\frac{|L_a-L_b|}{L_b} \tag{4-3}$$

式中：L_a 表示被观测目标平均灰度；L_b 表示目标附近背景的平均灰度。

在红外偏振度图像中，由于飞机目标的灰度远大于背景的灰度，式（4-3）无法准确反映真实的目标与背景局部对比度差异，存在一定局限性。在此采用一种改进的目标与背景局部对比度计算方法，其定义为

$$C^*=\frac{|L_a-L_b|}{\min(L_a,L_b)} \tag{4-4}$$

表 4-2 是三种场景下不同角度的偏振方向图像、红外强度图像以及红外偏振图像的目标与背景局部对比分析结果。

表 4-2　三种场景下不同角度的偏振方向图像、红外强度图像以及
红外偏振图像的目标与背景局部对比度

场景	0°	45°	90°	135°	红外强度	红外偏振度
稀薄云层背景	0.2642	0.2865	0.5424	0.2015	0.4843	0.9025
中等云层背景	0.1742	0.1835	0.3246	0.2038	0.3562	0.8460
较厚云层背景	0.0456	0.0546	0.0928	0.0467	0.0684	0.6345

由表 4-2 可以看出，在这 3 种场景下红外偏振度图像目标与背景局部对比度高于红外强度图像，红外强度图像目标与背景局部对比度由 0.0684 到 0.4843，不同场景间变化范围较大，偏振度图像目标与背景局部对比度由 0.6345 到 0.9025，每个场景保持较高的对比度，波动较小。对于 3 个场景下红外偏振度图像的目标与背景局部对比度分别是红外图像的 1.86 倍、2.37 倍和 9.27 倍，对于红外图像对比度低图像质量差的情况，偏振度图像局部对比

度提升明显。

（4）比较红外图像和红外偏振图像的天空云层背景，由于云层变化产生的杂波对红外偏振度图像影响较大，这对目标检测产生了不利影响。

红外偏振图像提高了目标背景对比度，尤其对于红外图像对比度较低的情况，红外偏振图像表现出更好的适应性，大大提高了目标背景对比度。但红外偏振度图像中仍然受到一些云层杂波影响，给飞机目标检测带来困难。

4.2.2 云背景杂波噪声抑制方法

云背景杂波噪声抑制主要是利用弱小目标在云层的灰度分布差异，以及各自所占图像的频段的差异来对图像进行背景抑制。其中心思想是尽可能地抑制云层背景，增大红外弱小目标的亮度，以此来提高目标的信噪比。红外图像中的云背景一般认为在空域上具有关联性，在频域上属于图像的低频区域。而小目标常常认为在空域上与云背景无关，并且在频域上属于图像的高频区域。所以，可以通过图像中直接去除云背景来进行图像的背景抑制，也可以先对云背景进行预测，再通过计算残差图像来达到背景抑制的目的[14]。

4.2.2.1 空域背景抑制方法

空间域滤波主要是将图像中每个像素与它周边像素进行相应的数学运算来得到抑制后的图像，以此可以提高目标的信噪比。空间域滤波具有很强的实时性，并且比较容易实现。典型的代表有中值滤波、形态学滤波、自适应滤波等[15]。

中值滤波属于一种非线性信号处理法，其所对应的滤波器也属于非线性滤波器，中值滤波将待处理邻域内的中值作为处理后的像素值，但它对异常值不敏感，故可在减少异常值的情况下保持图像的灰度值。在抑制随机噪声的同时有效地保持目标信号，在必要情况下，它不仅可以消除线性滤波器给图像造成的细节不清晰状况，而且对抑制脉冲噪声非常有效，由于在现实处理过程中无需对图像进行统计特性分析，所以对于具有结构化的背景毫无能力。

数学形态学滤波主要是研究图像的形态特征，分析图像的基本结构与特征，是一种常见而有效的图像预处理方法。数学形态学运算通常把一幅图像看作是一个集合，然后通过采用构造结构元素的方式，让图像中像素的结构元素和二值图像相应的区域进行某种运算，最后输出经过处理后的图像的像素。

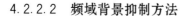

4.2.2.2 频域背景抑制方法

频域算法首先对目标信号与背景的空域灰度分布特性进行正变换，映射到变换域得到处理结果，然后将其再进行逆变换映射到空间域。反映目标信号的特性，通过分析目标在图像变换域的特征，对其背景抑制处理。典型的代表有高通滤波、小波变换等[15]。

空域滤波是在邻域上利用图像空间模板对图像进行处理，依据空间模板对相应邻域内像素进行计算可得到输出图像的像素值。高通滤波器可以通过高于截止频率的信号，抑制那些低于截止频率的信号；相反，低通滤波器可以通过低于截止频率的信号，抑制那些高于截止频率的信号。所以不同滤波器，对不同频率的信号抑制能力也不同。在对图像进行背景抑制时，可以使用高通滤波器对大范围的背景进行抑制，这样可以保留目标以及部分较高亮度的噪声。

小波变换是一种局部时频分析法，在变换过程中，其窗口的大小不变但形状会发生改变。小波变换处理信号的高频部分时，具有很好的时间分辨率；在处理信号的低频部分时，具有很好的频率分辨率，因此，不管在时域或频域上，它具有很好的局部化特征，能够处理图像中任何的细节部分，更好地从图像中获取所需的目标信息。所以使用小波变换对含噪声图像进行处理时，能够有效抑制噪声同时保留目标信号的高频信息，让其得到最佳恢复。

4.2.2.3 基于偏振特征差异性的背景抑制方法

从图 4-2 中的红外强度图像与红外偏振度图像中可以看出，由于偏振度与反射及辐射角度密切相关，与强度图像相比，偏振图像的云层杂波纹理更强，云层不断变化导致其产生的云层杂波对飞机目标探测产生了更加不利的影响[16]。需要通过云层杂波背景抑制方法对图像进行处理，具体步骤如下：

（1）由于空中飞机目标的高偏振特征和天空云层背景的低偏振特征，偏振度图像中目标呈现高灰度，背景为低灰度，因此，可设 DOP 为高偏振特征飞机类目标的偏振度，DOP_1 为低偏振特征天空云层背景的偏振度。

（2）由于目标背景图像偏振特征具有较大差异，飞机类目标与天空云层背景不存在灰度值重叠的区域。设图像尺寸为 $M \times N$，M 为图像行数，N 为图像列数，计算天空云层背景图像列方向 $x_i(i=1, 2, 3, \cdots, N)$ 均值为 X，由于飞机目标的偏振灰度值远高于云层，且目标占图像比例较小，将偏振图像每个像素 $DOP(i, j)$ 与云层图像垂直方向均值 X 相减，非正的像素为云层背景，灰度值置 0，得到垂直方向云层杂波背景抑制偏振图像 DOP₂，如式（4-5）所示。所得图像中行方向 $y_i(i=1, 2, 3, \cdots, M)$ 均值为 Y，将偏振图像每个像素 DOP (i, j) 与水平方向均值 Y 相减，非正的像素为云层背景，灰度值置 0，得到水平方向云层杂波背景抑制偏振图像 DOP₃。为减小高斯噪声对图像影响，采用 5×5 高斯模板对图像进行滤波，最终得到云层杂波背景抑制图像 DOP₄。

$$\mathrm{DOP}_2 = \mathrm{DOP}(i,j) - \frac{1}{N}\sum_{i=1}^{N}x_i \qquad (4\text{-}5)$$

$$\mathrm{DOP}_3 = \mathrm{DOP}_2(i,j) - \frac{1}{M}\sum_{i=1}^{M}y_i \qquad (4\text{-}6)$$

（3）由于在云层杂波背景抑制的同时也降低了目标灰度值，为提高目标背景对比度，对所得偏振图像进行归一化处理，得到归一化偏振度图 DOP₄*，其归一化方法如下式：

$$\mathrm{DOP}_4^* = \frac{\mathrm{DOP}_4 - \min\mathrm{DOP}_4}{\max\mathrm{DOP}_4 - \min\mathrm{DOP}_4} \qquad (4\text{-}7)$$

4.2.3 最大值稳定区域检测及飞机目标特征约束

1. 最大值稳定区域飞机目标检测

最大值稳定区域（maximally stable external regions，MSER）是一种提取仿射特征区域的算法，该方法提取的特征区域内部灰度变化很小，但是与背景对比变化剧烈，在不同阈值下特征区域能够保持形状不变[17]。MSER 算法具有以下特性：

（1）图像灰度仿射不变性；

（2）定义变换 T：$D \rightarrow D$，协方差保持不变；

（3）在选定一个阈值区间极值区域保持稳定不变；

（4）由于没有平滑过程，保留了目标更多的细节和结构；

（5）探测复杂度低，速度快。

2. 飞机目标特征约束

对红外偏振图像应用 MSER 方法检测飞机目标会出现误检现象[18]，经过分析主要有两种因素：一是在抑制云层噪波背景时，云层边缘未被剔除，在检测中由于高偏振度出现误检；二是在距离目标和云层边缘较近区域如果云层纹理较强将其误检为目标。由此需要对所检测目标进行特征约束。

1）几何特征约束

飞机目标在侧视图中，长宽比最大，随着飞机飞得越来越远，其角度不断变化，长宽比也不断缩小，对检测的目标区域设置长宽比阈值，根据飞机目标特征约束剔除 MSER 检测结果中长宽比过大的误检区域[19]。红外偏振飞机目标如图 4-5 所示，检测目标区域的长宽分别为 L 和 W，长宽比定义为 Ratio=L/W，根据先验知识，剔除长宽比不满足飞机目标几何特征的非目标区域。

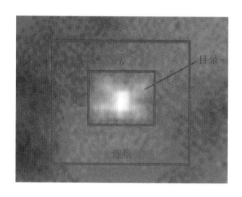

图 4-5   红外偏振飞机目标

2）飞机目标与背景偏振对比度特征约束

根据飞机目标与云层背景的偏振度差异，对所检测目标的红外偏振度图像进行偏振对比度特征约束，按比例 λ 进行边界扩展，得到云层背景区域，计算检测目标和背景的偏振图像灰度均值 L_a 和 L_b，应用式（4-4）计算目标与背景局部对比度 C^*，设计局部对比度阈值 ε。

对于红外偏振图像中的飞机目标而言，其偏振度和背景偏振度差异较大，而云层形成的云层杂波虽然形成纹理，但与天空背景相比，偏振度差异较小，可以根据偏振对比度约束剔除误检目标区域。

4.2.4　噪声杂波抑制及目标检测实验验证

图 4-6 为对天空较厚云层背景下的红外偏振图像飞机目标检测图像和三维图像。从图 4-6（a）可以看出，由于云层杂波的影响，天空中的云层纹理很强，淹没在云层杂波中的弱小飞机目标检测存在困难，容易出现误检测情况。图 4-7 为云层杂波噪声抑制后的红外偏振目标检测图像和目标检测三维图像，从图中可以看出，噪声杂波抑制方法有效削弱了云层杂波的影响，在三维图

像中除目标外背景信号均较为平坦，但对于云层杂波较强，云层纹理较明显的图像，特别在此类图像的目标和云层背景距观察者较远的区域，云层杂波仍然有一些影响。

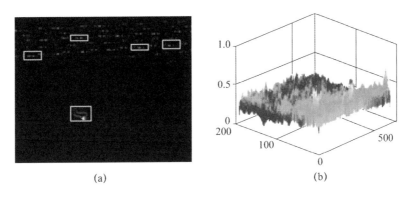

(a)　　　　　　　　　　　　　(b)

图 4-6　天空较厚云层背景下的红外偏振图像飞机目标检测实验图和三维图像

（a）红外偏振目标检测图像；（b）目标检测三维图像。

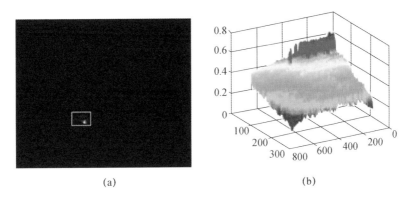

(a)　　　　　　　　　　　　　(b)

图 4-7　云层杂波抑制后的目标检测图像和目标检测三维图像

（a）红外偏振目标检测图像；（b）目标检测三维图像。

为验证上述方法的有效性，选用不同云层背景的红外强度及偏振图像进行飞机目标检测[20]，并采用目标检测准确率和召回率作为评价指标。MSER算法设定参数如下：灰度阈值补偿为 3，区域中包含像素个数上下门限为 10～14000，不同阈值情况下最大区域变化范围为 0.2；边界扩展比 λ 为 1，飞机目标长宽比 Ratio 为 0.5～8，目标背景对比度阈值 ε 为 0.5，剔除检测得到的非飞机目标区域。

根据 MSER 检测算法，设定合适的飞机长宽比阈值以及目标与背景对比度约束，图 2-19 为最终的检测结果，通过设定合理长宽比阈值及目标与背景对比度阈值，剔除云层边缘杂波波纹等非目标区域，得到最终的飞机目标检测结果。

采用本章提出的检测方法在不同厚度天空云层背景下，红外图像与红外偏振图像目标检测准确率与召回率的比较如表4-3所列。从表4-3可以看出，对于云层较薄，背景相对简单场景，本章的方法在红外图像和红外偏振图像中检测飞机的效果均较好，红外偏振图像目标检测的准确率和召回率分别为95.6%和98.7%，比红外图像目标检测高3.3%和1.4%；然而若受到较厚的云层复杂背景的干扰，目标与背景的差异过小使得目标淹没于杂乱的云层背景中，从而导致在红外图像中目标的检测准确率和召回率大大降低，反之，红外偏振图像能够克服红外图像对比度低带来的检测问题，其准确率和召回率分别提高20%以上。

表 4-3　红外图像与红外偏振图像目标检测准确率和召回率的比较

准确率和召回率	稀薄云层背景	中等云层背景	较厚云层背景
红外图像目标检测准确率	92.3%	81.5%	71.5%
红外偏振图像目标检测准确率	95.6%	89.8%	87.6%
红外图像目标检测召回率	97.3%	83.6%	74.2%
红外偏振图像目标检测召回率	98.7%	93.7%	89.3%

研究结果表明，红外偏振图像能够有效提高目标与背景局部对比度，在不同厚度云层天空场景下，本章研究的杂波抑制和检测方法能够有效抑制云层杂波对红外偏振图像检测飞机目标带来的不良影响，准确地检测出飞机目标，检测效果提升明显。

4.3　基于核模糊C均值聚类的空中目标红外偏振图像融合方法研究

红外目标特征主要是指其红外辐射特性，除了感兴趣的人造目标以外，自然植被、建筑物、云层、大气背景等都会产生热辐射，在目标图像上产生大量的混叠背景，降低了目标的信噪比。特别是在天空云层与地面建筑混合背景下，背景与目标的红外辐射存在相近、相互混淆的情况，给目标检测和识别带来极大的困难[20]。为了提取红外图像中感兴趣的目标，采用红外偏振成像探测技术，获取目标辐射和反射偏振态，依据空中飞机类目标与云层、地面建筑等背景偏振特性的不同，采用基于核模糊 C 均值聚类的图像融合方法提高目标的可探测性[15]。

4.3.1 核模糊 C 均值聚类图像分割

在天空云层及地面建筑背景下，红外图像及其偏振图像均会受到一定噪声的影响，直接进行图像分割精度较差[18]。为克服噪声干扰，提高图像分割精度，首先对待分割的红外图像与偏振图像利用非线性扩散方法消除噪声。然后对图像采取核模糊 C 均值聚类（KFCM）算法对图像进行分割。

模糊 C 均值聚类（FCM）是一种典型的无监督聚类方法，广泛应用于图像的分类等处理。但该算法易受噪声影响。核模糊聚类算法采用核函数取代模糊聚类中的欧氏距离，其状态更新采用迭代算法，受噪声影响较小，但运算速度慢。为了提高运算速度及改善噪声影响，Chen 和 Zhang 对 FCM 进行了改进，采用均值滤波和中值滤波的联合公式表示，目标函数 $J_{FCM\_S1.2}$ 如下：

$$J_{FCM\_S1.2} = \sum_{i=1}^{N} \sum_{j=1}^{c} u_{ij}^{m} \parallel x_i - v_j \parallel^2 + \alpha \sum_{i=1}^{N} \sum_{j=1}^{c} u_{ij}^{m} \parallel \bar{x}_i - v_j \parallel^2 \quad (4-8)$$

函数 $J_{FCM\_S1.2}$ 较好地抑制了噪声的影响，但 α 为人工设定经验值，对结果影响较大。为了解决 α 需人工设定的问题，这里采用一种自适应核模糊 C 均值聚类算法（AKFCM），描述如下：由于噪声会使中心像素及其邻域的不均匀性增加，为了自适应处理不同大小的噪声，首先计算局部差异系数（LVC）评估局部窗口的灰度差。定义像素 i 的局部差异系数：

$$LVC_i = \frac{\sum_{k \in N_i} (x_k - \bar{x}_i)^2}{N_R \times (\bar{x}_i)^2} \quad (4-9)$$

式中：x_k 为像素 i 的局部窗口 N_i 内邻域第 k 个像素的灰度值；N_R 为窗口 N_i 的像素数量；$\bar{x}_i$ 为窗口内像素灰度均值。将 LVC 作为函数的指数，定义：

$$\begin{cases} \xi_i = \exp(\sum_{k \in N_i, i \neq k} LVC_k) \\ \omega_i = \dfrac{\xi_i}{\sum_{k \in N_i} \xi_k} \end{cases} \quad (4-10)$$

则，窗口内每个像素的权重由下式定义：

$$\begin{cases} \varphi_i = 2 + \omega_i & (\bar{x}_i < x_i) \\ \varphi_i = 2 - \omega_i & (\bar{x}_i > x_i) \\ \varphi_i = 0 & (\bar{x}_i = x_i) \end{cases} \tag{4-11}$$

当像素 LVC 值较大，则参数 i 较大，表明该像素灰度值比其邻域像素的灰度均值大，反之则较小，相等则为 0。因此，通过 i 调节目标函数的方法与标准 FCM 的算法是一致的。式（4-11）中常量 2 是经验值，用以平衡算法的收敛速度和细节保持能力。用目标参数 i 取代式（4-8）中的 α，并采用高斯核函数取代式（4-8）中的欧氏距离，可得到新的目标函数：

$$J_{\mathrm{AKFCM}} = 2\left\{ \sum_{i=1}^{N} \sum_{j=1}^{c} u_{ij}^{m} [1 - K(x_i, v_j)] + \sum_{i=1}^{N} \sum_{j=1}^{c} \varphi_i u_{ij}^{m} [1 - K(\bar{x}_i, v_j)] \right\} \tag{4-12}$$

为了最小化目标函数，结合约束条件，可以得到隶属度矩阵和聚类中心：

$$u_{ij} = \frac{\{1 - K(x_i, v_j) + \varphi_i [1 - K(\bar{x}_i, v_j)]\}^{-1/(m-1)}}{\sum_{k=1}^{c} \{1 - K(x_i, v_k) + \varphi_i [1 - K(\bar{x}_i, v_k)]\}^{-1/(m-1)}} \tag{4-13}$$

$$v_j = \frac{\sum_{i=1}^{N} u_{ij}^{m} [K(x_i, v_j) x_i + \varphi_i K(\bar{x}_i, v_j) \bar{x}_i]}{\sum_{i=1}^{N} u_{ij}^{m} [K(x_i, v_j) + \varphi_i K(\bar{x}_i, v_j)]} \tag{4-14}$$

相对于 KFCM 等聚类算法采用递归方法不断更新上下文信息，式（4-11）中 φ_i 仅与邻域内的灰度值相关，且在聚类处理之前就可以计算得到，大大降低了算法的复杂度。另外，φ_i 大小取决于局部邻域内像素灰度的不均匀性，与聚类中心无关。因此，φ_i 根据局部灰度分布趋向于均匀聚类，其他增强型 FCM 等则通过上下文信息使聚类趋向更加均匀。

算法过程如下：

（1）初始化阈值 ε、m，最大迭代次数 t，隶属度矩阵 u 和聚类中心矩阵 v；

（2）计算自适应参数 φ_i；

（3）计算 $\bar{x}_i$；

（4）用式（4-13）的 $u_{ij}(t)$ 计算式（4-14）的聚类中心 $v_j(t)$；

（5）计算成员函数 $u_{ij}(t+1)$；

（6）如果 $\|u_{ij}(t+1) - u_{ij}(t)\| < \varepsilon$ 或者 $t > 100$ 则停止；否则 $t = t+1$ 后返回（4）。

对图像分别采用核模糊均值聚类和自适应核模糊 C 均值聚类算法等进

行对比，参数选择聚类数为 20，模糊指数为 2，窗口大小为 8，误差为 10^{-5}，最大迭代次数为 100 次。红外强度图像聚类和红外偏振图像聚类分别如图 4-8 和图 4-9 所示。从图中可以看出，自适应核模糊 C 均值聚类方法聚类得到的图像边缘更加清晰，特别是对偏振度图聚类后，不仅目标更加清晰，背景的景深、纹理、对比度等都有较大改善，为下一步图像融合提供了很好的基础。

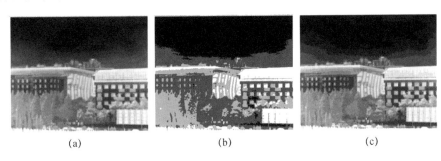

(a)　　　　　　　　　　(b)　　　　　　　　　　(c)

图 4-8　红外强度图像聚类

（a）红外强度图；（b）KFCM；（c）AKFCM。

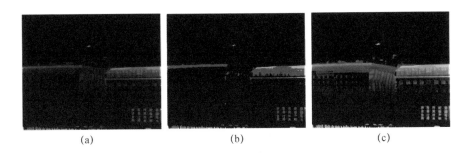

(a)　　　　　　　　　　(b)　　　　　　　　　　(c)

图 4-9　红外偏振图像聚类

（a）红外偏振图；（b）KFCM；（c）AKFCM。

4.3.2　红外强度图像与偏振图像的融合

为了实现红外强度图像与红外偏振图像的融合，采用基于稀疏表示的融合方法[21]，该算法描述如下：

（1）首先将原始信号 $x \in \pmb{R}^n$，表示为过完备字典 $\pmb{D} \in \pmb{R}^{n \times m}(n < m)$ 中列矢量（称为原子）$\{d_1, d_2, \cdots, d_m\}$ 的线性组合，其数学模型表示为

$$\hat{a} = \arg\min \parallel \alpha \parallel_o \quad (\text{s. t. } \parallel x - \pmb{D}\alpha \parallel \leqslant \varepsilon) \tag{4-15}$$

（2）基字典选用过完备离散余弦变换字典，利用 K-SVD 算法训练待融合

偏振聚类图像得到所需的过完备字典。字典训练的参数为：基字典的大小为 $\sqrt{n}\times\sqrt{n}\times100$（$n$ 为 64），目标原子的个数为 200，目标原子的稀疏度为 10，目标信号的稀疏度为 20，迭代 10 次。根据 Gram-Schmidt 算法得到红外聚类图像和红外偏振聚类图像在字典 $\boldsymbol{D}$ 下的稀疏系数 α 和 β。

（3）设融合图像 $\boldsymbol{Y}$ 在字典 $\boldsymbol{D}$ 下对应的稀疏系数为 ξ，则 $\xi\in\alpha\cup\beta$，融合图像的优劣取决于 ξ 如何从稀疏系数 α 和 β 中选取。为了突出检测目标且减小融合图像的失真，构建一个目标函数使融合图像与源图像的差别最小且融合图像的方差最大：

$$y^{*}=\arg\min\|a(y-x_{1})\|_{2}^{2}+\|b(y-x_{2})\|_{2}^{2} \tag{4-16}$$

式中：x_1、x_2 分别为待融合的两幅聚类图像；a 和 b 为融合图像与两幅源图残差的权重。

为了验证算法的有效性，以一组天空云层和地面建筑混合背景中的民航飞机作为探测目标，探测得到的红外图像和红外偏振度图分别如图 4-8（a）和图 4-9（a）所示。分别选用 PCA 融合、DWT 融合、拉普拉斯金字塔和稀疏融合方法进行比较，4 种融合方法得到的融合图像如图 4-10 所示。

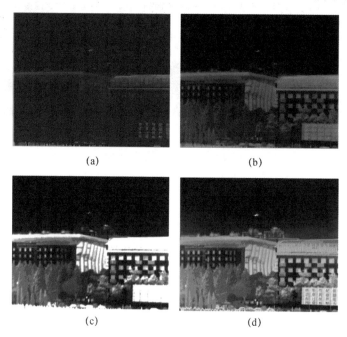

图 4-10　4 种融合方法得到的融合图像

（a）PCA 融合；（b）DWT 融合；（c）拉普拉斯金字塔融合；（d）稀疏融合。

从图 4-10 中可以看出，PCA 融合得到的图像目标变得不清晰，目标和背景对比度很低，目标可探测性不强。离散小波变换融合的目标比较突出，整个场景能够较清晰地展示，但在飞机下方的建筑背景中叠加了较大的干扰噪声，降低了建筑背景的景深和细节信息。拉普拉斯金字塔融合展示的图像对比度较高，但在细节方面与稀疏融合方法相比具有很大差距，比如飞机下方建筑物外墙、屋顶瓦片的纹理以及右下方宣传牌上的字迹清晰度等。

通过这 4 种融合方法得到的图像比较，可以看出，稀疏融合方法在整幅图像的纹理、景深、细节效果等方面都最好，目标突出、背景鲜明，反应场景信息最准确。

为了客观评价图像融合效果，选用灰度均值、平均梯度、局部标准差和熵作为评价指标[22]。灰度均值反映了图像的明暗，均值适中，则人眼视觉效果较好。平均梯度反映了图像微小细节反差的变化速度，平均梯度越大则图像越清晰。局部标准差反映了图像的局部反差，局部标准差越大则局部细节越清晰，其中局部窗口取 3×3。熵反映了图像的信息量，熵值越大则图像包含的信息量越大。不同融合图像评价如表 4-4 所列。

表 4-4 不同融合图像评价

算法	灰度均值	平均梯度	局部标准差	熵
PCA 融合	158.60	0.0108	5.64	6.22
DWT 融合	98.84	0.0122	6.96	6.78
拉普拉斯金字塔融合	120.48	0.0148	7.22	6.82
稀疏融合	132.62	0.0204	7.86	7.14

从表 4-4 可以看出，拉普拉斯金字塔融合和稀疏融合方法的灰度均值较为适中，适合人眼观察。平均梯度、局部标准偏差和熵 3 个指标中，稀疏融合方法都是最好的，说明稀疏融合方法得到的图像清晰，局部细节丰富，且图像包含的信息量最大，图像效果最好，与人眼观察的主观分析是一致的。

通过上述试验验证，可以看出，利用偏振信息进行稀疏融合的红外成像目标融合方法，能够充分利用红外图像的轮廓信息和偏振图像的细节信息，提取出天空云层背景下辐射温度与背景接近的目标，特别是在天空云层和地面建筑混合背景中，飞机目标与云层的对比度以及建筑背景的细节信息方面。稀疏融合较小波融合和拉普拉斯金字塔融合均有明显提高，得到的融合图像既较好地保留了红外图像中的飞机热目标信息，同时又继承了偏振图像中的丰富细节信息，图像对比度和可视效果大大提高，融合后得到的目标清晰明显，融合图像的场景更加真实、清晰，且图像有一定的层次感，景深效果较好。

参考文献

［1］周克虎. 天空背景下红外目标跟踪技术研究［D］. 北京：中国科学院大学，2017.

［2］董雪峰，陈万里，王勇. 远距离红外目标探测系统的研究与设计［J］. 电子设计工程，2014，22（15）：162-164.

［3］侯旺，孙晓亮，尚洋，等. 红外弱小目标检测技术研究现状与发展趋势［J］. 红外技术，2015，37（1）：1-10.

［4］崔璇. 天空背景下红外小目标检测算法研究［D］. 西安：陕西师范大学，2015.

［5］王康. 一种复杂海天背景下红外弱小目标检测算法［J］. 光学与光电技术，2016，14（3）：95-100.

［6］郭同健，高慧斌，宋立维，等. 云背景下红外小目标检测的分形方法［J］. 激光与红外，2014，44（11）：1278-1281.

［7］梅丽斐. 云背景下红外弱小目标背景抑制方法研究［D］. 南昌：南昌航空大学，2015.

［8］柳继勇，张聘义，肖仁鑫，等. 一种偏振红外图像的像素融合算法［J］. 红外与激光工程，2007，36（s2）：286-289.

［9］刘晓，王峰，薛模根. 基于偏振特性的伪装目标检测方法研究［J］. 光学技术，2008，34（5）：787-790.

［10］RON RUBINSTEIN，MICHAEL ZIBULEVSKY，MICHAEL ELAD. Double sparsity learning dictionaries for sparse signal approximation［J］. Transactions an Signal Processing，2010，58（3）：1553-1564.

［11］王军，丁娜，李建军，等. 红外偏振成像对伪装目标的探测识别研究［J］. 应用光学，2012，33（3）：441-445.

［12］李双伟. 基于红外偏振成像的近岸舰船目标识别和抗干扰技术研究［D］. 烟台：烟台大学，2016.

［13］于雪莲. 复杂背景条件下红外运动目标的实时检测与跟踪技术［D］. 南京：南京理工大学，2004.

［14］赵劲松. 偏振成像技术的进展［J］. 红外技术，2013，35（12）：743-751.

［15］李小明. 沙漠背景下红外偏振图像目标检测方法［J］. 红外技术，2016，9（9）：779-782.

[16] 孙秋菊，王鹏，黄文霞.红外偏振成像探测在伪装目标识别中的应用研究［J］.红外，2016，3（1）：18-22.

[17] 宫剑，吕俊伟，刘亮，等.红外偏振图像的舰船目标检测［J］.光谱学与光谱分析，2020，2（40）：586-593.

[18] 汪大宝.复杂背景下的红外弱小目标检测与跟踪技术研究［D］.西安：西安电子科技大学，2010.

[19] 董维科.天空起伏背景中红外弱小目标检测新方法研究［D］.西安：西安电子科技大学，2013.

[20] 陈伟力，王霞，金伟其，等.采用中波全红外偏振成像的目标探测实验［J］.红外与激光工程，2011，40（1）：7-11.

[21] 郭晗.复杂云背景中小目标检测的背景抑制方法［D］.哈尔滨：哈尔滨工业大学，2014.

[22] 毛宝平.草地背景中伪装目标偏振成像探测的实验研究［J］.红外，2014，5（5）：34-37.

第5章

林地背景伪装目标偏振成像探测技术

在自然背景中检测出伪装或者隐蔽的目标，是情报侦察、战场监视和目标识别中的一个重要课题。偏振成像探测技术作为一种新兴的成像探测手段，从20世纪80年代发展至今，取得了较大的进展。近几年来，该技术及其在军事领域的应用也受到各国普遍重视。与常规的强度辐射探测相比，偏振探测能够提供多维信息。测量时除了能够提供辐射度的测量值外，还可以提供目标的偏振态信息，从而能够为目标的探测、解译、识别提供更多依据。偏振信息的方向敏感性有助于目标表面状态、结构特征和材料类型等目标固有性质的反演。初步研究结果表明：偏振信息能够揭示目标细节特征，识别复杂背景下的伪装目标，在昏暗背景下提高目标与背景的对比度。

因此，偏振成像在伪装目标探测领域具有较高的应用价值[1-3]。针对战场侦察需求，研究基于偏振信息的伪装目标探测方法。本章将林地背景伪装目标作为研究对象，以偏振成像理论为基础，利用信号处理的相关方法，构建基于偏振成像的伪装目标探测方法。

5.1 林地背景伪装目标偏振特性分析

偏振特性描述了目标及背景环境固有的物理性质，即每一种物质均由其本征属性决定了偏振特性。本节的重点在于研究林地背景下伪装目标的多波段偏振特性，通过偏振信息理论研究以及实验室和野外环境多波段偏振成像试验研究，分析伪装目标及背景的多波段偏振特性以及影响偏振态变化的相关因素。其分析结果为伪装目标偏振信息的进一步处理提供科学依据。

利用偏振成像探测系统开展试验研究工作，其主要包括：实验室室内多角度、多波段和室外固定观测角度偏振成像方法对目标进行偏振成像试验，获取多种条件的偏振图像数据。为了定量化分析伪装目标的多波段偏振特性，在实验室采用固定位置的稳定平行光照射试验目标，进行多角度、多波段偏振成像观测。根据试验的具体需要，光源的入射角设置为一定角度，采取多角度观测偏振成像方式。

与此同时，在野外进行了林地背景伪装目标的多波段偏振成像研究。在试验设计上借鉴室内试验设置，安排了多种试验条件下的多波段偏振成像，分析了自然光照条件下的伪装目标和背景环境的多波段偏振特性。

5.1.1 室内伪装目标多波段偏振特性分析

5.1.1.1 伪装目标多角度、多波段偏振特性分析

在不同观测角度下所获得的目标偏振信息不同[4]。为了研究伪装目标偏振度随观测角度变化的规律，对伪装网和伪装涂料钢基试验样品进行偏振成像观测试验。试验过程中，观测角度从 15°开始，每隔 15°采集一次，共采集 10 次，获取伪装网在不同观测角度的偏振图像（图 5-1～图 5-3）。

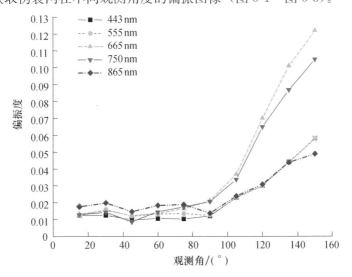

图 5-1　Ⅰ型伪装网各波段偏振度随观测角变化曲线

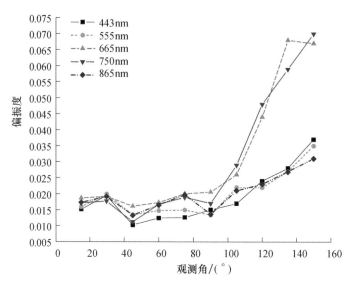

图 5-2　Ⅱ型伪装网各波段偏振度随观测角变化曲线

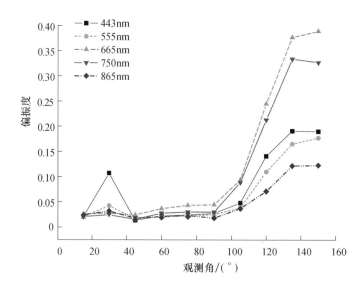

图 5-3　伪装涂料（翠绿色）钢基试验样品各波段偏振度随观测角变化曲线

伪装目标试验样品置于载物台上，目标垂直于水平面放置。试验获取443nm、555nm、665nm、750nm、865nm 五个波段的多角度偏振图像数据。分别对Ⅰ型伪装网、Ⅱ型伪装网和伪装涂料（翠绿色）钢基试验样品的数据进行了曲线拟合。

观察图 5-1～图 5-3 后发现，虽然各样品的材料、质地不同，但所反映出偏振度变化趋势非常相似，443～865nm 波段样品的偏振度随着观测角的增大整体呈上升趋势。观测角在 15°～90°范围内，各波段偏振度增幅较小，而从105°开始至 135°结束，样品目标的偏振度曲线均存在一个较大跃升。反射光中的水平分量和垂直分量随观测角的变化而变化，其中垂直分量随观测角增大而增大，水平分量随观测角增大而减小。由偏振度的定义（在部分偏振光的总强度中，完全偏振光所占的比例）可知，当反射光中只有垂直分量时（反射光是完全偏振光），其偏振度最大（$P=1$）。可以推断：随着观测角的增大，反射光由部分偏振光渐变成完全偏振光，偏振度随之增大。

在分析完观测角度对伪装器材偏振度的影响之后，观察数据发现在不同波段下，样品偏振度的增长速度各异。当波段在 443nm、555nm 和 865nm 时偏振度增长较缓慢，而波段在 665nm 和 750nm 时偏振度增长迅速。说明该偏振成像系统在 665～750nm 范围内对伪装器材偏振度的响应度较强。为此以伪装涂料（翠绿色）钢基试验样品为例，拟合出观测角度在 105°～135°范围内各波段偏振度变化曲线（图 5-4）。

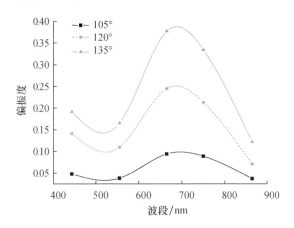

图 5-4 不同波段伪装目标偏振度变化曲线

5.1.1.2 不同表面状态的伪装样品偏振特性分析

粗糙度是目标表面状态的重要指标之一，很多文献中曾定性描述目标表面粗糙度对目标的偏振态有一定影响[5]。在此基础上，本节分析了伪装样品表面粗糙度与偏振度的具体关系。从 I 型伪装网中提取三块粗糙程度不同的样品（样品 A、B、C 的表面粗糙度依次递减，粗糙度的评定由伪装样品生产厂家提供），分别在观测角为 75°、105°、135°的情况下采集了三组图片。计算各样本的偏振度，并拟合曲线如图 5-5 所示。

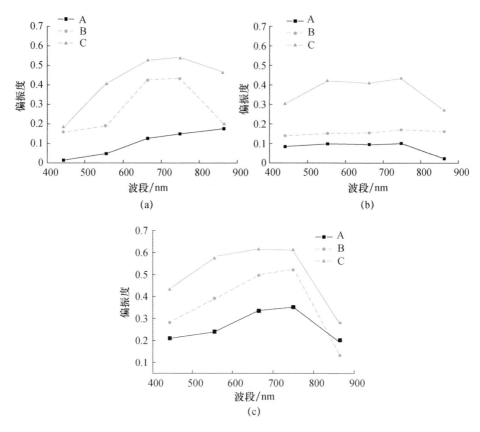

图 5-5　不同粗糙度的伪装网的偏振度变化曲线

(a) 观测角 75°；(b) 观测角 105°；(c) 观测角 135°。

由于光线照射粗糙表面所产生的散射作用，造成不同粗糙面的伪装样品产生不同的偏振度。光线和伪装样品表面作用时，低反射率的区域即表面光滑区域，单次散射占主要部分，而反射率高的区域即表面粗糙区域，多次散射占主要部分。当反射光以单次散射为主时，偏振度较大，多次散射由于发射光的偏振方向不确定性，偏振度较低。从图 5-5 中可以看出，样品 C 的表面相对光滑，反射率低，在拟合曲线中体现出偏振度较高。

5.1.2　林地背景伪装目标多波段偏振特性分析

在实验室进行伪装目标的多波段偏振特性研究的基础上，利用偏振成像探测系统开展了林地背景下伪装目标多波段偏振成像试验，研究伪装目标与林地背景之间偏振特性的差异，并给出相应的分析以及结论。

5.1.2.1 不同散射条件下伪装目标多波段偏振特性分析

光照条件对于光学成像探测具有重要的意义，光学成像在不同光照条件下通常存在不同的成像效果，偏振成像也不例外。在一些文献中已经探讨了不同照明光强与伪装目标偏振特性[6]，并得出以下结论：

（1）辐照度的起伏只影响目标表面辐亮度值的变化，在仪器正常响应范围内目标的偏振特性与辐照光强大小无关；

（2）偏振成像对光照强度大小的不敏感使其适用于阴影下、低照度情况的目标探测和识别。

分析了文献中的试验条件以及试验结论，发现文献作者仅从光照强度与目标偏振特性的关系展开研究，忽视了不同散射条件下目标以及背景的偏振特性。而在实际工程应用中光的不同散射状态包含着不同的偏振特性，对偏振成像探测影响较大，因此以上结论的工程应用上存在一定的局限性。

为了提高偏振成像在工程实践中的适用性，本书尝试在瑞利散射和米散射两种散射条件下展开林地背景下伪装目标多波段偏振特性研究。

瑞利散射是指散射粒子的直径为 $\lambda/5 \sim \lambda/10$，远小于光波波长的散射。一般晴朗天气下，大气对太阳光的散射可近似认为是瑞利散射。而米散射又称为大粒子散射，其散射微粒的直径与入射的光波波长接近甚至更大。米散射将散射粒子看作导电小球，它们在光波电场中发生极化而向外辐射电磁波，如云雾中的小水滴就是这种米散射微粒。通常认为，多云天气下云层对太阳光的散射可以近似看作米散射。

由于散射光的不同，其偏振特性也随之改变。在瑞利散射情况下，当自然光入射时，散射光一般为部分偏振光。但在垂直入射光方向上的散射光是线偏振光，沿着入射方向或逆入射光方向的散射光仍是自然光。而在米散射情况下，散射光的偏振度随着 d/λ（d 为散射粒子的直径，λ 为入射光的波长）的增加而减小。

试验以伪装涂料钢基试验样品为研究对象，在多云和晴朗两种天气下对隐藏在草地背景下的目标进行偏振成像探测试验。

图 5-6 为 750nm 波段下强度图和不同天气条件下伪装样品的偏振度分布图。图中箭头所指的伪装样品在晴朗天气下的强度图像和偏振度图中均无法辨认，而在多云天气下伪装样品的偏振度图中与背景反差显著。

图 5-6　750nm 波段下强度图不同天气条件下伪装样品的偏振度分布图

（a）晴朗天气下伪装样品强度图；（b）多云天气下伪装样品偏振度分布图；

（c）晴朗天气下伪装样品偏振度分布图。

提取 443～865nm 之间的样品和背景的偏振度，并拟合曲线如图 5-7 所示。

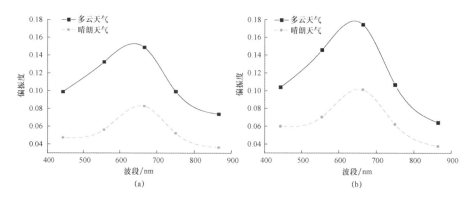

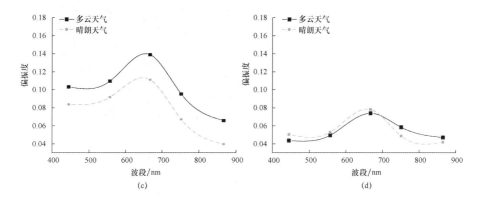

图 5-7 不同天气条件下各样品偏振度变化曲线

（a）1 号样品；（b）2 号样品；（c）3 号样品；（d）背景。

从图 5-7 中可以发现，不同天气下各个伪装样品偏振度存在固定的差异。多云天气下样品的偏振度高于晴朗天气下的样品偏振度，偏振度的差值在 40%～80% 之间。而背景的偏振度受天气影响较小。通过以上分析可以初步得出结论：光的散射对反射光的偏振态具有一定影响，在进行偏振成像侦察时，需考虑天气条件（光的散射情况）。

5.1.2.2 林地背景下伪装目标多角度、多波段偏振特性分析

经过室内的伪装目标多角度、多波段偏振特性分析，获得一些目标偏振度与观测角度关系的定性结论。为进一步验证结论的可重复性，将试验样品放在自然背景中，在自然光照条件下进行偏振成像试验。试验样品包括 I 型伪装网和伪装涂料钢基样品，背景为草地。试验时间从 9:15 开始，17:40 结束。不同时间段伪装样品强度和偏振度图如图 5-8 所示，天气状况为多云。试验过程中固定仪器观测角约为 60°，随着光照方向的变化，观测角随之减小。图 5-8 为试验时间段中 9:20、11:20、17:40 三个时间点所获取 750nm 的强度图与偏振度图。

在图 5-8 中 9:20 时获取的偏振度图中，样品的偏振度对比度较高，随着时间的推移，偏振度对比度有逐渐减小的趋势。不同时段伪装样品与背景的偏振度变化曲线如图 5-9 所示。

本节针对林地背景下的伪装目标进行偏振特性的研究，分析室内人工光源和室外自然光两种试验条件所获得的数据，得出以下结论：

（1）针对与林地背景下伪装目标偏振成像探测依赖于测量的几何条件。当观测角度在 105°～135° 范围内进行测量时，能够获得伪装目标较大的偏振度值。

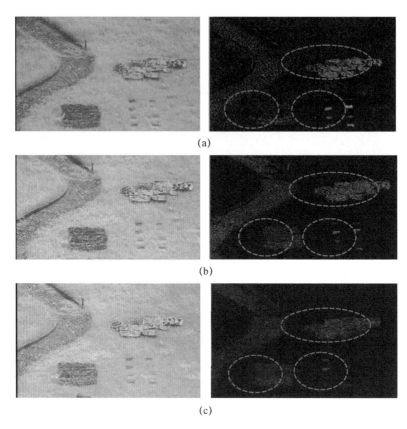

(a)

(b)

(c)

图 5-8　不同时段伪装样品强度图与偏振度图

(a) 9:20；(b) 11:20；(c) 17:40。

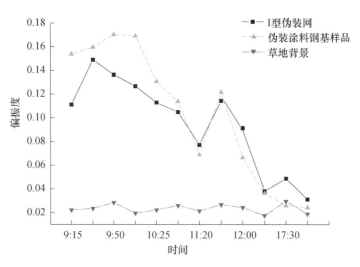

图 5-9　不同时段伪装样品与背景的偏振度变化曲线

（2）通过在可见和近红外波段内对伪装目标的多波段测量，发现伪装目标偏振特性对波段具有一定的选择性，665～750nm 波段的偏振成像能够有效探测林地背景下的伪装目标。

（3）偏振成像在不同散射条件及天气条件下具有不同的敏感度。通过对试验数据的分析发现当入射光发生米散射时适合进行林地背景下伪装目标的探测。

（4）偏振成像探测具有较强的自然杂乱背景的抑制作用。

5.2　林地背景伪装目标偏振特征增强

通过伪装目标偏振特性研究结果可以发现，伪装目标与林地背景在偏振度上存在一定差别。然而依靠偏振度的差别无法满足伪装目标检测识别的要求。为了更好地利用偏振特征突显隐藏在林地背景下的伪装目标，需要对伪装目标的偏振特征进行增强。

图像增强技术是：不考虑图像降质的原因，只将图像中感兴趣的特征有选择地突出，而衰减其不需要的特征，故改善后的图像不一定要去逼近原图像。图像增强的主要目的是：改变图像的灰度等级，提高图像的对比度；消除边缘和噪声，平滑图像；突出边缘或线性地物，锐化图像；合成彩色图像；压缩图像数据量，突出主要信息；等等。从图像质量评价的观点来看，图像增强的主要目的是提高图像的质量，更有利于人的视觉感知。

图像融合增强是建立在多源图像基础上的一种图像增强方法。由于偏振成像和强度成像原理不同，任何单一图像数据都有一定的适应范围和局限性，不能全面反映场景及其中目标对象的特性。图像的融合增强主要指将多源图像进行融合，形成一幅增强的汲取了不同原图像特色的新图像，从而获得单一图像无法获取的相关场景的描述。显然，融合增强方法可以克服单一图像存在的局限性，提高多源图像的使用效率。图像融合增强是典型的数据层融合。

偏振图像融合增强，是利用偏振信息和强度信息中互补信息生成一幅增强的融合图像，融合图像的细节要比偏振和强度图像中任何一幅都突出，即具有高的空间分辨能力、好的对比度、高的信噪比等。本节针对伪装目标偏振图像以及强度图像的特点，研究并改进了基于空间域调制的偏振图像融合增强。分析了该方法的优、缺点后，引入多尺度分析思想，提出了一种基于多尺度调制的偏振图像融合增强方法进行增强。

5.2.1 基于空间域调制的偏振图像融合增强

基于空间域的图像融合方法是建立在基于图像空间像元的直接融合计算上，常用的方法有平均、加权平均等。

平均方法直接以原始多源图像对应像元的平均值作为融合后的像元值。平均方法可以增加融合图像的信噪比，但会降低视觉信息的对比度。

加权方法根据一定的先验知识将不同的原始图像的对应像元值进行加权，以加权和作为融合后的像元值。加权平均运算提高了融合图像的信噪比，但削弱了图像的对比度，在一定程度上使得图像中的边缘变模糊。加权平均图像融合方法具有算法简单、融合速度快的优点，但在多数应用场合，该图像融合方法难以取得满意的融合效果。

5.2.1.1 基于空间域调制的图像融合增强算法描述

书中考虑平均与加权的特点以及多源图像间的相关性不同，采用了基于调制的空间域偏振图像融合方法。

调制是指一种信号的某项参数随另一种信号变换而变化。借助通信技术的思想，调制技术在图像融合增强领域也有着相当广泛的应用，并在某些方面具有较好的效果。用于图像融合增强中的调制手段一般适用于两幅图像的处理，具体操作一般是将一幅图像进行归一化处理，然后将归一化的结果与另一幅图像相乘，最后重新量化后进行显示。这种处理方式相当于无线电技术中的调幅。用于图像融合增强中的调制技术一般可以分为对比度调制技术和灰度调制技术[7-8]。

光的三个基本属性分别是强度、波长以及偏振态，其中强度和波长被人眼视觉感知变成了亮度和颜色性质，但人眼对光的偏振特性却缺乏感知能力。从被观测物体表面反射或辐射的光的偏振特性与物体的表面形状、曲率、物体的材质，以及光源、物体和观察者三者位置有关。上述三个指标不仅各自独立地反映出被观测物体的本质属性，各指标之间也存在一定的内在关联关系。在分析了伪装目标强度和偏振信息之后，采用偏振度-强度综合调制融合方法。偏振度是偏振特征的重要信息指标，具有不同理化特性的目标在偏振度上存在巨大的差异。利用偏振度对原始强度图像进行调制，可以进一步提高图像的对比度和清晰度。偏振度调制流程图如图 5-10 所示。

图 5-10　偏振度调制流程图

具体调制步骤如下：

（1）由三方向偏振图计算偏振度图和合成强度图。

（2）定义偏振度调制系数：

$$M_P = f(P) \qquad (5\text{-}1)$$

式中：$f(P)$ 为计算偏振度调制系数的函数。

（3）归一化偏振度调制系数：

$$M_P^* = \frac{M_P - \min(M_P)}{\max(M_P) - \min(M_P)} \qquad (5\text{-}2)$$

（4）与待调制图像相乘：

$$\text{Fusion} = n_P^* \cdot M \qquad (5\text{-}3)$$

（5）归一化调制后的图像。

5.2.1.2　调制系数的选择

该算法的关键是如何选取调制系数。有研究者提出将经过对数运算后的偏振度作为偏振度调制系数[9]。文献［9］中所提到的调制系数较为简单，根据对数函数的性质，可以粗略地将伪装目标与背景间偏振度的差异区分开。当偏振度图亮度整体较低时，使用此方法存在一定的局限性，无法将伪装目标与背景区别出来。在不增加计算复杂性的前提下对偏振度图和强度图进行互逆运算，即对偏振度图进行对数运算，对强度图进行指数运算。该算法通过抑制强度图像的整体亮度减小低偏振度图像对调制效果的影响。具体算法如下：

$$\text{Fusion} = \log(P) \cdot I^n \qquad (5\text{-}4)$$

式中：Fusion 为融合图像；P 为偏振度图像；I 为强度图像；n 在 0～1 之间，n 值的选取与原图的亮度有关，经过大量样本试验，n 一般取 0.7 左右。通过试验验证，该调制方法优于文献［9］中所描述的算法。试验结果如图 5-11 所示。

试验对强度图像、偏振度图像、文献［9］方法的调制图像和经本节算法得出的调制图像进行了比较。其中偏振度图亮度整体较低，灰度分布集中在0～50之间。从试验结果中可以看出，两种方法的调制图像相比强度图像和偏振度图像细节得到很大丰富，对比度显著提高。从直方图可以看出，经本节算法得出的调制图像相比文献［9］方法，目标对比度更高，灰度分布更加均匀。

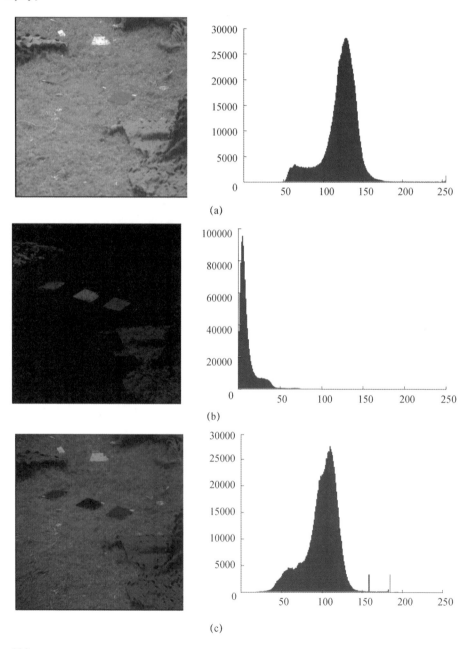

(a)

(b)

(c)

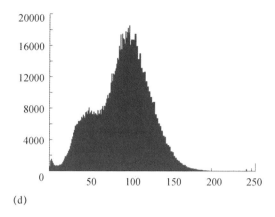

(d)

图 5-11 试验结果

(a) 强度图像及其直方图；(b) 偏振度图像及其直方图；

(c) 文献［9］方法调制图像及其直方图；(d) 本节算法调制图像及其直方图。

5.2.2 基于能量特征的多尺度调制偏振图像融合增强

在基于空间域调制的融合方法处理高分辨率图像时，由于参与运算的像素点太多，致使计算量巨大，大大增加了运算的时间。因此，本节采用多尺度融合策略，来提高融合的速度。Pluim 等的试验表明，多尺度融合策略对于高分辨率图像有着很好的效果，融合速度平均能够提高 1 倍。Maes 等通过大量试验，认为两层的分辨率策略是较佳的选择，高于两层的分辨率策略并不能进一步提高融合速度。

5.2.2.1 偏振信息的能量特征

常见的图像融合处理方法多以根据图像的能量特征为设计融合策略的依据。分析偏振参量的强度图像的能量分布情况。定义一幅大小为 $M \times N$ 的图像 $I(x, y)$ 的平均能量为

$$E = \frac{1}{M \times N} \sum_{x=1}^{M} \sum_{y=1}^{N} I(x,y)^2 \tag{5-5}$$

根据伪装目标偏振特性的结论可知：在入射光为近似漫射光的条件下，获得图像中伪装目标的偏振度值较高。故选择在近似漫射光条件下采集的数据进行偏振信息计算和融合处理。根据式（5-5）分别计算斯托克斯参数 I、Q、U 以及偏振度 P 的平均能量，强度分量 I 的平均能量较高，同时包含了较丰富的场景信息。而偏振度 P 的平均能量较低，但其中体现目标的轮廓、细节信息较强。Q 和 U 分量的能量变化未呈现规律性。

5.2.2.2　多尺度融合增强

基于多尺度的图像融合方法其基本思想是：首先对待融合的图像进行多尺度变换以得到各图像分解后的系数表示；其次针对系数按照一定的融合规则进行融合处理得到一个融合后的系数表示；最后经过图像的反变换获得融合后的图像。该方法可以有效解决融合图像的拼接痕迹，采用的方法主要有各种塔形结构处理和小波变换。

利用小波变换可以将图像分解成不同尺度的低频近似信息和高频细节信息，这样为融合产生新的图像提供了一个框架，在这个框架上可以使用各种不同的融合规则来对各种不同来源的图像进行融合。本书采用 Mallat 小波变换算法。以两幅图像融合为例，简要说明基于小波变换的图像融合的过程。假定源图像为 A 和 B，融合图像为 F。其融合步骤（图 5-12）如下：

（1）对图像 A 和 B 进行 N 层小波分解，分解公式如下：

$$\begin{cases} C_{j+1} = H_c H_r C_j \\ D^j_{LH} = G_c H_r C_j \\ D^j_{HL} = H_c G_r C_j \\ D^j_{HH} = G_c H_r C_j \end{cases} \quad (j = 0, 1, \cdots, N-1) \quad (5-6)$$

式中：H 为低通滤波器；G 为高通滤波器；r、c 为行和列；C 为源图像的数据；j 为分解的层数；C_{j+1} 为经过小波分解的低频图像；D^j_{LH} 对应垂直方向上的高频部分；D^j_{HL} 为水平方向上的高频部分；D^j_{HH} 为对角方向上的高频部分。

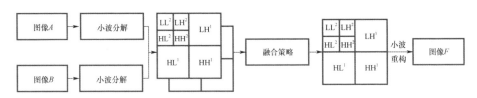

图 5-12　图像融合过程框图

对图像 A 和 B 利用式（5-6）进行分解，得到子带系数 A^j_{LL}、A^j_{LH}、A^j_{HL}、A^j_{HH} 和 B^j_{LL}、B^j_{LH}、B^j_{HL}、B^j_{HH}，其中 $j = 0, 1, \cdots, N-1$。

（2）对分解后的子图像按照一定的融合规则进行选择，得到子图像 F^j_{LL}、F^j_{LH}、F^j_{HL}、F^j_{HH}，其中 $j = 0, 1, \cdots, N-1$。

（3）对融合得到的多分辨图进行 N 层小波逆变换，其公式如下：

$$F^j_{LL} = \boldsymbol{H}^*_r \boldsymbol{H}^*_c F^{j+1}_{LL} + \boldsymbol{H}^*_r \boldsymbol{G}^*_c F^{j+1}_{LH} + \boldsymbol{G}^*_r \boldsymbol{H}^*_c F^{j+1}_{HL} + \boldsymbol{G}^*_r \boldsymbol{G}^*_c F^{j+1}_{HH}$$

$$j=0,1,\cdots,N-1 \tag{5-7}$$

式中：H_r^*、H_c^*、G_r^*、G_c^* 为 H_r，H_c，G_r，G_c 的共轭转置矩阵。

最后得到图像 F_{LL}^0 就是最后的融合图像 F。

5.2.2.3 基于能量特征的多尺度调制偏振图像融合算法

根据对偏振信息的能量特征的研究，可以利用斯托克斯参数图和偏振度图的能量的不同确定融合策略。通过对斯托克斯参数图和偏振度图的能量分析，选择强度值 I 和偏振度 P 作为融合的源图进行融合。融合后的图像包含了目标的强度信息和偏振信息，有效地提高了目标的对比度和图像的清晰度。

融合算法具体步骤如下：

(1) 对强度图 $I(x,y)$ 和偏振度图 $P(x,y)$ 进行小波分解，分解成低频系数 $[I_{LL}(x,y)，P_{LL}(x,y)]$ 和高频系数 $[I_{LH}(x,y)、I_{HL}(x,y)，I_{HH}(x,y)，P_{LH}(x,y)、P_{HL}(x,y)、P_{HH}(x,y)]$。

(2) 低频图像反映了原图像的近似和平均性，集中了原图像的大部分信息，对低频部分采用调制融合方法：

$$F_{LL}(x,y)=f_1[I_{LL}(x,y)]\cdot f_2[P_{LL}(x,y)] \tag{5-8}$$

式中：$f_1[I_{LL}(x,y)]$ 和 $f_2[P_{LL}(x,y)]$ 为调制系数，沿用了上一节中讨论的调制方法；$F_{LL}(x,y)$ 为融合后所得图像的低频系数。

(3) 确定高频系数融合规则。高频系数反映了原图像的突变特性，对高频部分分别沿着水平方向、垂直方向和对角方向采用系数加权平均融合规则进行融合。其融合规则为图像经过多尺度分解后的高频子带系数包含了图像中边缘、区域轮廓等细节信息。在融合处理时，考虑相邻系数间的相关性，通过能量值建立系数的相关度。以下用 $I_H(x,y)$ 和 $P_H(x,y)$ 分别代表 $I(x,y)$ 和 $P(x,y)$ 的高频系数，其系数的相关度 $M_{I,P}(x,y)$ 为

$$M_{I,P}(x,y)=\frac{2[P_H(x,y)\cdot I_H(x,y)]}{E_{HP}(x,y)+E_{HI}(x,y)} \tag{5-9}$$

式中：$E_{HP}(x,y)=[P_H(x,y)]^2$；$E_{HI}(x,y)=[I_I(x,y)]^2$；$E_{HP}(x,y)$、$E_{HI}(x,y)$ 分别为偏振度图和强度图高频系数的能量值。

设相关度阈值 α（一般取 α 左右）。如果 $M_{I,P}(x,y)>\alpha$，则高频系数的融合处理为

$$\begin{cases} F_H(x,y)=I_H(x,y) & (E_{HI}(x,y)\geqslant E_{HP}(x,y)) \\ F_H(x,y)=P_H(x,y) & (E_{HI}(x,y)<E_{HP}(x,y)) \end{cases} \tag{5-10}$$

如果 $M_{I,P}(x,y)<\alpha$，则高频子系数的融合处理为

$$F_H(x,y)=\varepsilon_{HI}(x,y)\cdot I_H(x,y)+\varepsilon_{HP}(x,y)\cdot P_H(x,y) \qquad (5\text{-}11)$$

式中：$\varepsilon_{HP}(x,y)$、$\varepsilon_{HI}(x,y)$ 为相应的加权系数

$$\begin{cases} \varepsilon_{HI}(x,y)=\bar{\varepsilon}_{min} & (E_I(x,y)<E_P(x,y)) \\ \varepsilon_{HI}(x,y)=\bar{\varepsilon}_{max} & (E_I(x,y)\geqslant E_P(x,y)) \end{cases} \qquad (5\text{-}12)$$

式中：$\varepsilon_{HP}(x,y)=1-\varepsilon_I(x,y)$；$\bar{\varepsilon}_{min}=\dfrac{1}{2}\left[1-\dfrac{1-M_{I,P}(x,y)}{1-\alpha}\right]$；$\bar{\varepsilon}_{max}=1-\bar{\varepsilon}_{min}$。

（4）对融合后的低频系数和高频系数进行小波重构，得到融合后的图像 $F(x,y)$。

根据偏振成像原理搭建实验系统，实验中的伪装目标是隐藏在草丛中涂有伪装涂料的金属目标板，而背景则分别选择了低密度、中密度和高密度三种类型的草丛。根据对偏振信息能量的分析，为获取较强的偏振信息，选择在自然光照条件下进行实验。通过偏振成像系统采集原始偏振方向图像 I_0、I_{60}、I_{120}，并将采集后的图像进行如下处理：首先计算强度图 I 和偏振度图 P，然后对待融合图像使用本节提到的基于空间域调制和基于能量特征的多尺度调制两种融合方法进行融合处理，从而获得融合后的图像 F。融合过程中选取的小波基是 db1，分解的层数是 2 层。算法的测试环境为 Windows XP，测试平台为 CPU 主频为 1.6GHz、内存 1GB 的 PC，用 Matlab 语言实现。高密度草丛背景下、中密度草丛背景下和低密度草丛背景下伪装目标的强度图、偏振图和融合图分别如图 5-13、图 5-14 和图 5-15 所示。

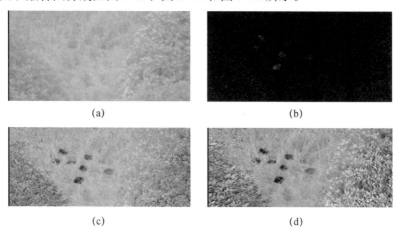

图 5-13　高密度草丛背景下伪装目标的强度图、偏振度图和融合图

（a）强度图；（b）偏振度图；（c）融合图（方法一）；（d）融合图（方法二）。

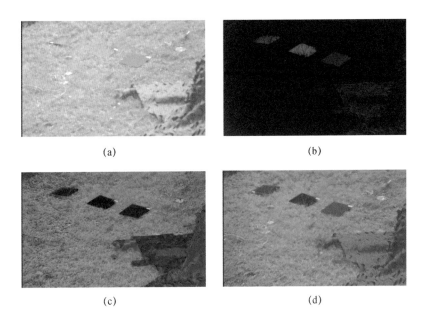

图 5-14 中密度草丛背景下伪装目标的强度图、偏振度图和融合图

(a) 强度图；(b) 偏振度图；(c) 融合图（方法一）；(d) 融合图（方法二）。

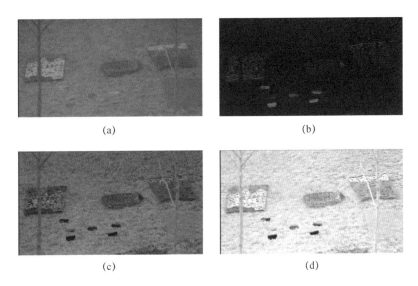

图 5-15 低密度草丛背景下伪装目标的强度图、偏振度图和融合图

(a) 强度图；(b) 偏振度图；(c) 融合图（方法一）；(d) 融合图（方法二）。

表 5-1～表 5-4 给出了两种融合方法的运算时间以及评价结果，其中方法一为改进后的空间域调制，方法二为基于能量特征的多尺度调制方法。

表 5-1　两种融合方法的运算时间

背景	方法一的运算时间/s	方法二的运算时间/s
高密度草丛	44.1563	8.3281
中密度草丛	43.6250	8.0469
低密度草丛	44.5625	7.9531

表 5-2　高密度草丛背景下伪装目标图像评价结果

评价结果	强度图	偏振度图	融合图（方法一）	融合图（方法二）
图像信息熵	4.324290	3.005655	4.845194	4.230265
图像的平均梯度	2.764904	3.798611	16.164333	8.732613
清晰度	12.216762	23.036923	84.311937	47.707938
对比度	0.02926372	0.284832516	0.408564486	0.192812476
高斯三阶细节平均统计量	94.415315	163.873484	487.844451	174.520363

表 5-3　中密度草丛背景下伪装目标图像评价结果

评价结果	强度图	偏振度图	融合图（方法一）	融合图（方法二）
图像信息熵	4.591161	3.457563	4.677178	4.353572
图像的平均梯度	3.50129	3.392533	11.043599	4.320192
清晰度	12.622928	20.730945	59.147680	24.233431
对比度	0.003653345	0.713366618	0.847952969	0.425538983
高斯三阶细节平均统计量	162.055759	148.851571	224.918241	179.768048

表 5-4　低密度草丛背景下伪装目标图像评价结果

评价结果	强度图	偏振度图	融合图（方法一）	融合图（方法二）
图像信息熵	3.975133	3.731764	4.708271	4.190561
图像的平均梯度	3.441316	6.034049	13.297068	7.196283
清晰度	17.843808	30.596296	70.278415	37.836069
对比度	0.010285897	0.82329339	0.95751354	0.355060883
高斯三阶细节平均统计量	44.659231	96.852438	299.868168	130.607432

　　分析表 5-1～表 5-4 中两种融合增强方法的运算时间和不同场景下强度图、偏振度图以及融合图的综合评价结果。第一种融合方法是在空间域中对图像逐个像素进行运算，运算量较大，计算时间较长。第二种融合方法采用多尺度分解方法，降低了图像的维数和运算量，缩短了计算时间。因此从运算时

间来看，第二种融合方法明显优于第一种融合方法。

从图像评价结果可以发现：①比较强度图、偏振度图和融合图的信息熵可以看出，融合图相比偏振度图信息熵有较大提高，融合图比偏振度图的信息量有较大的增强。②由两种融合算法得到的融合图的平均梯度有较大提高，即提高了整体清晰度，反映偏振图和强度图的细节部分得到增强。③从目标与背景的对比度的结果可见，融合图中目标对比度远高于强度图，但基于能量特征的多尺度调制融合结果的对比度低于偏振度。④从视觉效果上看，两种融合图保留了强度图中的场景信息，同时突出偏振度图中伪装目标的细节信息。⑤按照高斯三阶细节平均统计量这一评价标准，融合后的图像质量均优于融合前的原始图像。

综合运算时间和评价结果两个因素，基于能量特征的多尺度调制融合方法是一种高效的偏振图像融合方法，融合效果满足伪装目标检测的要求。

5.3　基于分形维数和模糊聚类的偏振图像分割

复杂自然背景中人造目标的检测是目标检测识别领域中的热点课题，而检测复杂自然背景（专指林地背景）中经过伪装的目标是该领域中一直存在的难题。经过研究可以发现：在一定条件下利用偏振成像方式获取的伪装目标与林地背景的偏振信息存在较大差异。在 5.2 节中，对获取的偏振信息进行增强，利用偏振信息进一步增加了伪装目标与背景之间的差异，突出了目标与背景的细节特征。如何利用目标与背景间的差异将隐藏在背景下的伪装目标提取出来是本节的目的。

首先利用模糊聚类分割算法对预处理后的伪装目标偏振图像进行分割提取，接着利用分形理论计算分割后各区域的分形维数，根据目标与背景分形维数的差异对分割后的图像进行修正，去除误分割区域，最终实现林地背景下伪装目标的准确提取。

5.3.1　林地背景伪装目标偏振图像分割的特点

图像分割的一般思路是：利用背景和目标两者在某种测度数值上的差异，实现目标和背景的分离。但是，在林地背景下的伪装目标分割和识别研究中，由于自然景物的复杂性，寻找这种比较稳定的测度在实际操作中具有一定的难度。因此，本书以偏振特征和纹理特征为测度，分析偏振图像的分割特点。

（1）从林地背景和伪装目标的偏振特征来看，伪装目标表面较光滑，表面起偏效应较明显，体现出较高的偏振度，而且具有一致性的特点。林地背景通常组成比较复杂，表面杂乱，体现出较低的偏振度，从而造成了偏振特征较弱，而且分布不均匀。这一点是实现伪装目标与林地背景分割的重要依据之一。

（2）由于偏振信息能够揭示突出目标的细节信息，如目标表面的纹理特征，经过预处理后的伪装目标偏振图像，不仅偏振特征突出而且纹理特征同样明显。从图像中可以发现：伪装目标表面纹理呈现出一定的规则，而背景的纹理则相对杂乱，因此图像中的纹理特征也是实现伪装目标与林地背景分割的依据之一。在处理纹理特征的方法中，可以运用分形理论。分形理论中的分形维数和分形布朗运动模型是描述自然景物的有力工具。在自然背景下识别人工目标，分形方法具有独特的优势[10]。分形特征能够捕捉人类在感知复杂物体时的主要定性信息，充分利用自然背景与人造物体的表面纹理在分形模型所表现的规律性之间存在的固有差异，并通过分形参数来体现。因此，分形方法对多种自然背景环境和人造目标类型具有适应性，可共用一套程序，甚至无须调整参数。由于人造目标的检测性能不受目标姿态、目标运动、目标灰度极性变化的影响，因此分形方法抗干扰、抗畸变，可靠性更高。尤其是在远距离、大搜索区域内对于特殊复杂背景、有遮盖的小目标检测与识别方面，解决了传统方法无法解决的问题。

5.3.2　林地背景伪装目标偏振图像的分形特征

背景图像的分形特征是分形维数。分形维数 D 作为分形技术的一个重要参数，从图像处理的角度看，它可作为物体表面粗糙度的一种度量：D 越小，表面越光滑；D 越大，表面越粗糙。人造目标通常有比较简单的几何外形，如圆、线和方形等，它们的制造材料一般比较光滑且具有表面纹理一致性的特点；自然目标通常有不规则的外形和纹理，且表面一般比较粗糙，纹理边缘因不满足分形模型而产生异常值。所以只需用分形模型对图像上的各点求分形维数 D，根据 D 的取值就可以判断相应像素点的归属。对于二维图像映射而成的灰度表面，有意义的分形维数值应为 2～3。

本书选择经过预处理后的三幅林地背景下伪装目标偏振图像作为试验样本。在各幅图像中选取伪装目标和背景区域（图 5-16），分别进行分形维数的估计。从表 5-5 中可以看出，目标区域相对于背景区域，其分形维数差值具有明显差别。

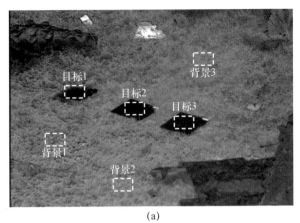

(a)

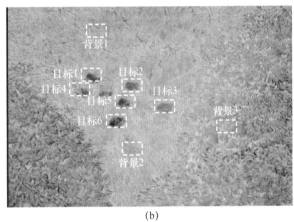

(b)

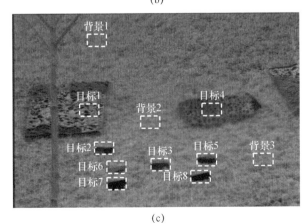

(c)

图 5-16　图像样本

表5-5 各区域分形维数估算值

图5-16 (a)					
	目标1	目标2	目标3	背景1	背景2	背景3
分形维数	2.24018	2.105302	2.272349	2.461196	2.384237	2.440018

图5-16 (b)					
	目标1	目标2	目标3	背景1	背景2	背景3
分形维数	2.287555	2.284573	2.290155	2.425935	2.383425	2.416203
	目标4	目标5	目标6			
分形维数	2.156871	2.2748512	2.292415			

图5-16 (c)					
	目标1	目标2	目标3	目标4	目标5	目标6
分形维数	2.330672	2.11017	2.280564	2.270516	2.035781	2.312543
	目标7	目标8	背景1	背景2	背景3	
分形维数	2.105647	2.214518	2.419532	2.471873	2.397284	

图5-16中目标区域的分形维数分布在2.035781～2.330672之间，图像中所选择的林地背景区域的分形维数分布在2.384237～2.471873之间。本书对大量林地背景下伪装目标偏振图像做了类似的维数估算，通过对所得数值的比较分析可知，分形维数的确可以作为区分图像中伪装目标与背景的特征参数。在不同图像中，由于环境与成像条件的不同，目标与背景表现出来的分形维数也是不一样的，但通过对比分析不同图像的分形维数，就背景与伪装目标而言，伪装目标区域的分形维数较小，而且变化幅度较大，一般为2.0～2.3，背景区域的分形维数一般较大，变化幅度小，且与目标区域的维数差值为0.2左右。

分形维数虽然能够区分出伪装目标与自然背景，但相比一般的图像分割方法，其复杂度要高，计算量也较大。进行区域内逐点分形维数的计算时，其速度会给后续的目标识别带来影响。因此，本书在其他图像分割方法的基础上，结合分形的特征，排除目标周围背景的干扰，从而提取真实目标。

5.3.3 基于分形维数和模糊聚类的图像分割

5.3.3.1 模糊C均值聚类图像分割算法

1. 模糊聚类理论

1965年，Zadeh提出了著名的模糊集理论，创建了一个新的学科——模糊数学。模糊集理论是对传统集合理论的一种推广，在传统集合理论中，一个元素或者属于一个集合，或者不属于一个集合；而对于模糊集来说，每一个元素都是以一定的程度属于某个集合，也可以同时以不同的程度属于几个集合。

模糊集合理论能较好地描述人类视觉中的模糊性和随机性。在模式识别的各个层次都可使用模糊集合理论：在特征层，可将输入模式表达成隶属度值（代表某些性质的拥有程度）的矩阵；在分类层，可表达模糊模式的多类隶属度值并提供损失信息的估计。模糊集合理论主要解决在模式识别的不同层次由于信息不全面、不准确、含糊、矛盾等造成的不确定性问题。基于模糊集合的特点，人们提出了一些新的图像分割算法。这些算法主要可分为模糊阈值分割和模糊聚类分割，其中模糊聚类分割方法中的模糊 C 均值算法是最经典、最广泛应用于图像的分割算法。

2. FCM

在诸多的图像分割算法中，FCM 分割算法是最常见的一种，一方面该算法具有良好的局部收敛特性，另一方面它适合在高维特征空间中进行像素的分类。为此，书中选择模糊 C 均值聚类图像分割算法。

FCM 描述如下：

设样本集 $X=\{x_1,x_2,\cdots,x_n\}\subset \mathbf{R}^r$ 是 p^r 维实数空间 $\mathbf{R}^r$ 中的一个未标记的子集，$\mathbf{x}_k=\{x_{k1},x_{k2},\cdots,x_{kn}\}\in \mathbf{R}^r$ 称为特征矢量或模式矢量，x_{kj} 为观测样本 x_k 的第 j 个特征值。

假设用某一种聚类算法把 X 划分成 c 个模式子集 $S_i(i=1,2,\cdots,c)$，则有

$$X=\bigcup_{i=1}^{c}S_i,S_i\bigcap S_j=\varnothing \quad (i\neq j;1\leqslant i,j\leqslant c) \tag{5-13}$$

实现样本集划分的常用算法即为 FCM，该算法所定义的代价函数为

$$J_m(U,V,X)=\sum_{i=1}^{c}\sum_{k=1}^{n}\mu_{ik}^m\parallel x_k-v_i\parallel^p \tag{5-14}$$

式中：U 为模糊划分矩阵，它把数据样本点和聚类模式联系起来；μ_{ik} 为 x_j 属于 i 类 S_i 的隶属度；$V=\{v_1,v_2,\cdots,v_c\}$ 为各类模式的聚类中心；$\parallel x_k-v_i\parallel^p$ 为某种范数，表示 x_j 与 v_i 的距离，它度量的是数据点和聚类原型的相似性；m 为模糊加权指数，它控制数据划分过程的模糊程度，经验取值区间为 $[1.5,5]$。

极小化式（5-14）所得到的模式划分即为 FCM 的分类结果。极小化代价

函数 J_m，是通过迭代优化算法来实现的，需要反复计算模糊划分矩阵 $\boldsymbol{U}$ 和聚类中心矩阵 $\boldsymbol{V}$，计算步骤如下：

（1）计算 $U^{(k)}$

$$U^{(k)} = \mu_{ij}^{(b)} \frac{\{\|x_j - v_i^{(b)}\|\}^{\frac{-p}{m-1}}}{\sum_{k=1}^{c}\left[\left(\frac{1}{x_j - v_i^{(b)}}\right)^{\frac{p}{m-1}}\right]} \quad (\forall i,j) \tag{5-15}$$

（2）计算 $v^{(b+1)}$

$$v_i^{(b+1)} = \frac{\sum_{j=1}^{n}(\mu_{ij}^{(b)})^m x_i}{\sum_{j=1}^{n}(\mu_{ij}^{(b)})^m} \quad (\forall i) \tag{5-16}$$

（3）若 $\|x^{(b+1)} - v^{(b)}\| < \varepsilon$，则停止；否则，令 $b=b+1$，转（1）。

采用模糊 C 均值聚类的方法进行图像分割的优点是避免了设定阈值的问题，并且能解决闭值化分割中多个分支的分割问题，模糊 C 均值聚类图像分割算法适合于图像中存在不确定性和模糊性的特点；同时模糊 C 均值聚类图像分割算法是属于无监督的分类方法，聚类过程中不需要任何人工的干预，很适合于自动分割的应用领域。

3. 形态学后处理

经过模糊 C 均值聚类分割后的结果仍然存在噪声，无法准确检测目标。基于形态学的分割后处理可将图像中细小的噪声去除。

基于二值图像的腐蚀和膨胀是最基本的形态学运算。腐蚀具有收缩图像的作用，膨胀具有扩大图像的作用[11]。

膨胀是将与目标接触的所有背景点合并到该目标中的过程。该过程的结果是使目标的面积增大了相应数量的点。如果目标是圆的，那么它的直径在每次膨胀后增大两个像素。如果两个目标在某一点相隔少于 3 个像素，那么它们将在该点连通起来。膨胀对于填补分割后目标中的空洞很有用。

膨胀的运算符为"⊕"，图像集合 A 被集合 B 膨胀，表示为 $A \oplus B$，其定义为

$$A \oplus B = [A^c \Theta(-B)]^c \tag{5-17}$$

式中：A^c 为 A 的补集。

经过上述的分割处理，目标区中出现黑点，这些黑点使得目标区的整体性无法得到保证，因此要消除这些黑点，可对目标区进行膨胀处理。

腐蚀是消除目标所在边界点的一种过程。其结果是目标沿其周边比原物

体小一个像素的面积。如果目标是圆的，那么它的直径在每次腐蚀后将减少两个像素。如果目标任一点的宽度少于 3 个像素，那么它在该点将变为非连通的。任何方向的宽度不大于 2 个像素的目标将被除去。腐蚀对从一幅分割后的图像中去除小且无意义的目标是很有用的。

腐蚀的运算符为"Θ"。图像集合 A 被集合 B 腐蚀，表示为 $A\Theta B$，其定义为

$$A\Theta B=\{x:B+x\subset A\} \tag{5-18}$$

式中："$\subset$"表示子集关系。

由于上述膨胀过程使得图像目标区的面积扩大，要将目标区恢复为原来大小，就需要将图像的目标区进行缩小，进行与膨胀相反的过程即腐蚀处理。

针对二值图像的不同特点，腐蚀和膨胀可以减小图像中较小的噪声。然而对于分割图像中的较大区域的错误判断，本书利用误判区域和目标区域的纹理差异即分形维数的差异对分割结果进一步矫正。因此，分形维数估计方法的选择是伪装目标偏振图像分割算法的关键之一。

5.3.3.2 分形维数估计

常用的分形维数估计方法中，"盒子"维易于数学计算和实验测量而被普遍使用，因此在本书中选择"盒子"维估计分形维数。

B. B. Chaudhuri 基于最基本的计算分数维的公式提出了一种盒子维方法，即著名的差分盒维数法（differential box counting，DBC）。在这个方法中，将图像表面视为三维空间，灰度值可视为三维空间中 z 轴方向上的值，而 x 轴和 y 轴方向上的值表示图像的灰度值所在的坐标位置。由于自相似性，可以用一定尺度的一叠盒子去覆盖相应区域，通过改变尺度来达到计算自相似性的目的，这里的一叠盒子的个数与灰度值有关。其基本思想如下：

如果一幅图像视为三维空间中的一个表面 $[x,y,f(x,y)]$，$f(x,y)$ 是图像在 (x,y) 处的灰度值。将 (x,y) 平面划分为 $S\times S$ 个相等区域，同时以图像的总灰度级 G 除以 r，将三维空间中的竖轴划分为高度 $h=G/r$ 的盒子，从上到下给盒子逐一编号，然后给出第 i 个区域中灰度值最大值 $B_{i\max}$ 和最小值 $B_{i\min}$，并记它们落入盒子的序号分别为 I_i 和 k_i，可以得到：

$$n_r=I_i-k_i+1=(B_{i\max}-B_{i\min})/h+1 \tag{5-19}$$

遍历整幅图像的所有区域，得到 $N_r=\sum_{i=1}^{S\times S}n_r$，且可进一步表示如下：

$$N_r = \sum_{i=1}^{S \times S} n_r = \sum_{i=1}^{S \times S} \left[(B_{imax} - B_{imin})/h + 1 \right]$$

$$= \sum_{i=1}^{S \times S} \left[(B_{imax} - B_{imin}) \times r/G + 1 \right] \tag{5-20}$$

$$= r^2 + r/G \sum_{i=1}^{S \times S} n_r (B_{imax} - B_{imin})$$

计算每一个尺度 r，便可以得到一个新的 N_r。根据最小二乘法，用一条直线去拟合 $\log N_r$ 和 $\log(1/r)$ 这些点，所得直线的斜率就是对应图像的分形维数。

5.3.3.3 算法实现与验证

该算法的思想是利用图像子区域的分形维数作为图像的主要分析参数，在一副包含人造目标的自然背景图像中，由于人造目标通常几何线条比较简单，表面光滑，因此具有较小的分形维数。大量的实验研究表明，人造目标的分形维数一般为 $2.0 \sim 2.3$；而自然背景则通常具有比人造目标粗糙的纹理特性，其分形维数大于人造目标。

由于对整幅图像进行分形维数计算的时间较长，故在计算分形维数之前对原始图像进行模糊 C 均值聚类分割，以减少运算时间。

基于分形维数的图像分割算法基本流程如下：

（1）对图像进行去噪处理；

（2）对图像进行模糊 C 均值聚类分割；

（3）对分割结果进行形态学运算，去除较小的干扰；

（4）对（3）中的不同区域进一步处理，计算不同区域内的分形特征；

（5）根据自然背景和伪装目标在分形特征上的差异，排除自然背景奇异区域的干扰，从而检测出复杂自然背景的伪装目标。

为了检验算法的效果，针对不同场景中的伪装目标偏振图像进行了试验，并与常用的迭代阈值分割算法进行比较。图 5-17（a）是对涂有伪装涂料的金属目标检测，背景为高密度草丛。从图 5-17（b）中可以看出，由于树丛与草地的影响，伪装目标的边缘淹没在复杂的草地背景中，迭代阈值分割算法基本上无法得到有效的边缘结果。图 5-17（c）给出了经过模糊聚类分割和形态学处理后的图像，可以明显看出，去除了一部分背景的干扰，但图像中仍存在大量噪声，无法准确判断目标。图 5-17（d）为经过书中算法后最终结果，由于目标和背景的偏振特征和分形维数存在的较大差异，利用其差异进行分割，结果基本上反映了目标的轮廓。

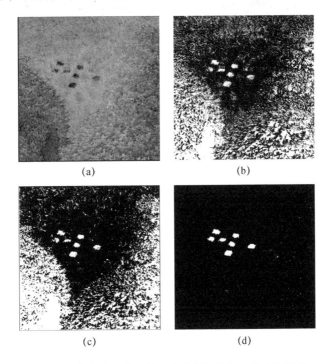

(a)   (b)

(c)   (d)

图 5-17 高密度草丛背景下伪装目标偏振图像分割结果

（a）原始图像；（b）迭代阈值分割；（c）模糊 C 均值聚类和形态学处理的分割；（d）本书方法分割。

图 5-18 和图 5-19 分别是两种背景（中密度草丛和低密度草丛）下伪装目标偏振分割结果。图 5-18 由于背景纹理具有一致性，与目标有较大的差别，因此分割结果最好。图 5-19 由于伪装目标中伪装网表面花纹比较杂乱，因此无法检测到伪装网的完整轮廓。但是从已分割出的部分来看，仍然可以得到足以表征目标属性的轮廓结构。

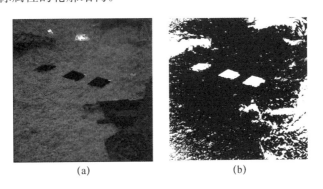

(a)   (b)

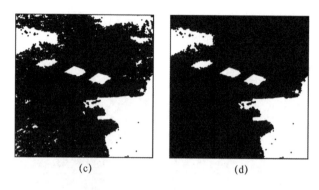

图 5-18 中密度草丛背景下伪装目标偏振图像分割结果

（a）原始图像；（b）迭代阈值分割；（c）模糊 C 均值聚类和形态学处理的分割；（d）本书方法分割。

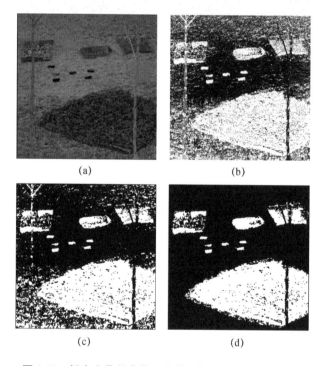

图 5-19 低密度草丛背景下伪装目标偏振图像分割结果

（a）原始图像；（b）迭代阈值分割；（c）模糊 C 均值聚类和形态学处理的分割；（d）本书方法分割。

　　基于分形维数的伪装目标偏振图像分割算法，与其他分割算法相比，具有良好的定位精度和较好的分割效果，能够有效地抑制和消除自然背景的影响，尤其在复杂的自然背景和目标特征比较单一的情况下，可以取得比较好的分割效果，为自然背景下伪装目标检测和分割提供了新的思路。

参考文献

[1] 刘晓，王峰，薛模根. 基于偏振特性的伪装目标检测方法研究 [J]. 光学技术，2008，34 (5)：787-790.

[2] 刘晓，薛模根，王峰，等. 林地背景下伪装目标偏振成像检测算法 [J]. 红外与激光工程，2011，(11)：2290-2294.

[3] 王启超，汪家春，赵大鹏，等. 光谱偏振探测对伪装网的识别研究 [J]. 激光与红外，2013 (11)：1260-1264.

[4] 敬忠良，肖刚，李振华. 图像融合——理论与应用 [M]. 北京：高等教育出版社，2007.

[5] 张朝阳，程海峰，陈朝辉，等. 自然背景中伪装网的散射偏振度与成像研究 [J]. 国防科技大学学报，2008，30 (5)：34-37.

[6] 汪震，洪津，乔延利. 热红外偏振成像技术在目标识别中的实验研究 [J]. 光学技术，2007，33 (2)：196-201.

[7] 孙玮. 偏振遥感图像处理技术研究 [D]. 合肥：中国科学技术大学，2004.

[8] 袁齐，李双，韩琳. 空间振幅调制光谱偏振测量技术研究 [J]. 光谱学与光谱分析，2017，37 (11)：3321-3326.

[9] 都安平，赵永强，潘泉，等. 基于偏振特征的图像增强算法 [J]. 计算机测量与控制，2007，15 (1)：106-108.

[10] XU H, LIN G, WANG M. A Review of recent advances in image co-segmentation techniques [J]. IEEE Access, 2019 (7)：182089-182112.

[11] 崔屹. 图像处理与分析——数学形态学方法及应用 [M]. 北京：科学出版社，2002.

第6章
荒漠背景伪装目标高光谱偏振成像探测技术

高光谱偏振图像由多个不同偏振方向的高光谱图像组合而成，相当于多维信息数据，具有信息量大、维度广、关联性强等特征。高光谱偏振成像系统与传统的成像体制相比，一方面实现了对目标几十至上百个波段近乎连续的纳米级光谱成像，另一方面获得了目标的偏振特征信息，补充了传统偏振成像体制只采集线偏振信息而缺少圆偏振信息的缺点。因此，系统光谱识别能力大幅提高、成像通道数大大增加、目标的信息数据更加完备，使成像从定性分析向定量或半定量分析转化成为可能。本章主要从荒漠背景下伪装目标高光谱偏振特性分析和荒漠伪装目标高光谱偏振成像探测两个方面介绍荒漠背景下伪装目标的偏振成像探测技术。

6.1 荒漠背景伪装目标高光谱偏振特性测量

高光谱图像具有波段数量特别多、波段间信息相关性很强、数据处理耗时长等特点，而高光谱偏振图像数据立方体由几个不同偏振方向高光谱图像数据立方体组成，因此高光谱偏振图像波段数量更大、波段间信息相关性更强、数据处理耗时更长。

研究荒漠背景下伪装目标的高光谱偏振特性，总结其在不同环境条件下的特性规律，便可为荒漠背景下伪装目标检测提供科学指导，如此既吸收了高光谱偏振图像数据具有丰富信息量的优点，又节约了采集、处理数据时间，提高目标检测能力。

6.1.1 室内荒漠背景伪装目标高光谱偏振特性测量

6.1.1.1 典型伪装材料样品

伪装的目的是通过缩小目标和背景之间的"谱"和"色"的差异性，降低被探测的概率，提高目标的安全。随着科技的不断进步，伪装网或者伪装涂料能够使目标与背景间近似"同谱同色"，提高了传统光学探测的难度。本章测试样品是与荒漠背景近似"同谱同色"的荒漠伪装网、荒漠伪装板、坦克缩比目标和悍马车缩比目标，其实物如图6-1所示。

(a) (b) (c) (d)

图 6-1　荒漠伪装试验样品

(a) 荒漠伪装网；(b) 荒漠伪装板；(c) 坦克缩比目标；(d) 悍马车缩比目标。

荒漠伪装网的外形呈椭圆切花状，其表面法向取向服从随机分布，且涂有荒漠伪装涂料，使得荒漠伪装网从"色"和"谱"上均与荒漠背景近似。荒漠伪装板、坦克缩比目标和悍马车缩比目标表面涂有沙黄色荒漠伪装涂料，是装甲战车的主型伪装涂料。荒漠伪装试验样品具体技术指标见表6-1。

表 6-1　荒漠伪装试验样品具体技术指标

名称	颜色	光谱特性
荒漠伪装网	土黄色	在可见/近红外波段，与荒漠背景中沙土光谱近似
荒漠伪装板	沙黄色	
坦克缩比目标	沙黄色	
悍马车缩比目标	沙黄色	

6.1.1.2　伪装目标高光谱偏振特性数据测量

为了探究荒漠背景下伪装目标高光谱偏振特性，室内仿真试验示意图如图 6-2（a）所示，入射角为 θ_i，观测角为 θ_r，方位角为 φ。试验光源位置固定，采用光谱特性与太阳光谱的短弧氙灯，氙灯光谱图如图 6-2（b）所示。具体测量方法如下：

（1）在相同的环境条件下，不同物质在同一波段反射率不同，同类物质在不同的波段处反射率不尽相同，探究地物反射率典型波段，便可大大节省数据采集和处理量，进而提高目标检测能力。因此，开展不同探测波段伪装目标高光谱偏振特性研究。

（2）光照条件不同，偏振图像会有所差别。因此，为了探究不同光照条件下，荒漠背景下伪装目标高光谱偏振图像的差别，展开不同光照条件下伪装目标高光谱偏振特性研究。

（3）由反射光偏振特性分析可知，当入射角 θ_i 取目标布儒斯特角值时，反射光偏振特性最强，此时，观测角 θ_r 与入射角 θ_i 相等，成像系统接收的偏振特性最大。当入射角 θ_i 不取布儒斯特角值时，观测角 θ_r 与入射角 θ_i 相等，相对其他观测角度，成像系统接收的偏振特性最强。总之，观测角的取值与成像系统接收的偏振特性强弱关系紧密。因此，为了探究不同观测角，荒漠背景下伪装目标高光谱偏振特性变化，展开不同观测角伪装目标高光谱偏振特性研究。

根据研究总结分析可知，在入射角 θ_i 和观测角 θ_r 固定保持不变前提下，方位角 $\varphi=180°$ 时，地物偏振特性最大。因此，在试验过程中保持方位角 $\varphi=180°$。

另外，受限于实验室光源位置固定及俯视角 20° 不可调的实际情况，试验过程中光源入射角取 70° 恒不变。

伪装目标高光谱偏振特性数据测量试验设计思路如下：

（1）进行不同探测波段伪装目标高光谱偏振特性实验时，固定入射光光照强度，观测角 $\theta_r = 70°$，获取不同波段伪装目标的高光谱偏振图像数据。

（2）进行不同光照条件下伪装目标高光谱偏振特性试验时，观测角 $\theta_r = 70°$，改变入射光光照强度，获取不同光照伪装目标的高光谱偏振图像数据。

（3）进行不同观测角度伪装目标高光谱偏振特性实验时，固定入射光光照强度，改变观测角，获取不同观测角伪装目标的高光谱偏振图像数据。

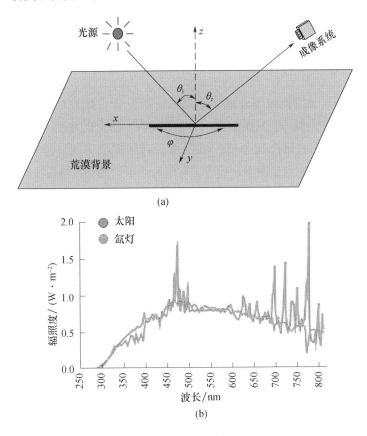

图 6-2　试验设计

（a）室内仿真试验示意图；（b）氙灯光谱图。

6.1.1.3　高光谱偏振测量数据处理

光谱曲线是目标反射率随波长的变化曲线，其反映了地物的理化组分等本质信息。分孔径同时使高光谱偏振成像系统获得的是目标辐射亮度值而非目标反射率。因此，在数据处理时，为了获取地物反射光谱曲线，将辐射亮度值转换为反射率，这个过程称为光谱反演。目前，光谱反演方法有很多，在仅有高光谱偏振图像数据，没有其他先验辅助数据情况下，内部平均法是方法中较为经典的一种。

内部平均法是用图像辐射亮度值除以整幅图像平均辐射亮度值，得到地物的相对反射率，即

$$R_\lambda = \frac{DN_\lambda}{M_\lambda}$$

(6-1)

式中：DN_λ 为图像辐射亮度值；M_λ 为图像平均辐射亮度值；R_λ 为相对反射率。

由此可知，地物相对反射率值越大，目标越容易被"突出"，越易于被检测[1]。

获取目标高光谱偏振图像试验数据后进行处理，试验数据处理流程图如图 6-3 所示。首先以 60°偏振方向的高光谱图像为基准图像，相同波段 0°和 120°偏振方向的高光谱图像为待配准图像，利用配准方法，进行图像配准处理；其次计算各偏振参量图像；最后，利用内部平均法获取偏振反射光谱曲线。

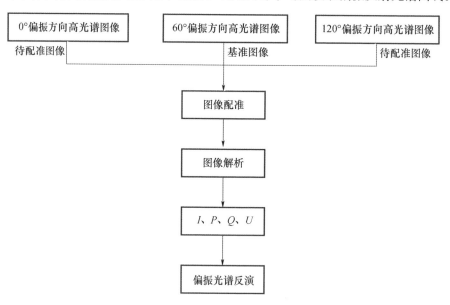

图 6-3　试验数据处理流程图

6.1.2　多探测波段伪装目标高光谱偏振特性

多探测波段荒漠伪装目标高光谱偏振特性测量结果如图 6-4 所示。测量时，固定入射光光照强度为 6570lx。

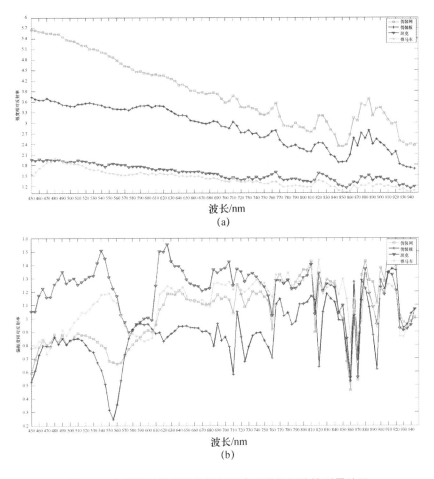

图 6-4 多探测波段荒漠伪装目标高光谱偏振特性测量结果

(a) 合成强度反射率光谱；(b) 偏振度反射率光谱。

测量结果表明，4 类伪装目标合成强度反射率光谱近似，在较小起伏中呈下降趋势，偏振度反射率光谱差异较大，且各自随波段起伏变化较大。在当前环境条件下：

（1）探测波段在 625～755nm、765～810nm、820～840nm 区间内选择，荒漠伪装网合成强度和偏振度相对反射率同时相对较大，有利于该型荒漠伪装网检测。

（2）探测波段在 765～810nm、825～845nm 区间内选择，荒漠伪装板合成强度和偏振度相对反射率同时较大，有利于该型荒漠伪装板检测。

（3）探测波段在 465～560nm、610～750nm、765～810nm、820～840nm 区间内选择，坦克缩比目标合成强度和偏振度相对反射率同时相对较大，有利于坦克缩比目标检测。

（4）探测波段在 530～560nm、615～840nm 区间内选择，悍马车缩比目标合成强度和偏振度相对反射率同时较大，有利于悍马车缩比目标检测。

6.1.3　不同光照条件下伪装目标高光谱偏振特性

在不同光照条件下，分别对荒漠伪装网、荒漠伪装板、坦克缩比模型和悍马车缩比模型进行成像探测，并分析其高光谱偏振特性。

不同光照条件荒漠伪装网高光谱偏振特性测量结果如图 6-5 所示。测量在入射光强度分别为 24011lx、13417lx、6405lx 和 2031lx 条件下完成。

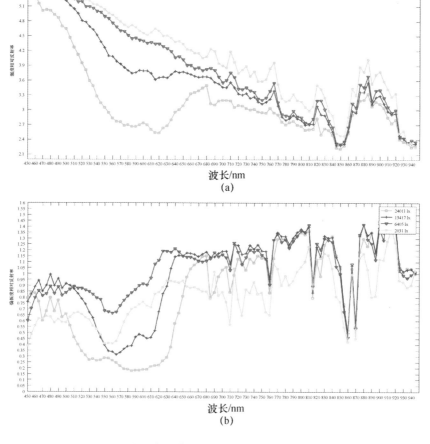

图 6-5　不同光照条件荒漠伪装网高光谱偏振特性测量结果

（a）荒漠伪装网合成强度反射率光谱；（b）荒漠伪装网偏振度反射率光谱。

测量结果表明：

（1）在不同光照条件下，荒漠伪装网合成强度反射率光谱发生变化，相同探测波段下，光照越强，合成强度反射率越小。偏振度反射率光谱相似，但有差异。

（2）在不同光照条件下，荒漠伪装网合成强度相对反射率光谱变化较大，偏振度相对反射率光谱变化较小，表明荒漠伪装网偏振度图像具有一定抗光照变化能力。

（3）在不同光照条件下，探测波段在 765～810nm、820～845nm 区间内选择，荒漠伪装网合成强度和偏振度相对反射率同时较大，有利于该型荒漠伪装网检测和表面属性分析。

不同光照条件荒漠伪装板高光谱偏振特性测量结果如图 6-6 所示。测量在入射光强度分别为 13394lx、6339lx 和 1927lx 条件下完成。

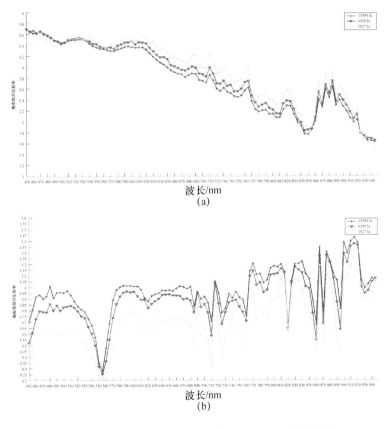

图 6-6 不同光照条件荒漠伪装板高光谱偏振特性测量结果

（a）荒漠伪装板合成强度反射率光谱；（b）荒漠伪装板偏振度反射率光谱。

测量结果表明：

（1）在不同光照条件下，该型荒漠伪装板合成强度和偏振度反射率光谱发生变化，相同探测波段下，光照越强，合成强度反射率越小，偏振度相对反射率越大。

（2）在不同光照条件下，荒漠伪装板合成强度相对反射率光谱变化较大，偏振度相对反射率光谱变化较小，表明荒漠伪装板偏振度图像具有一定抗光照变化能力。

（3）在不同光照条件下，探测波段在 765～815nm、825～845nm 区间内选择，荒漠伪装板合成强度和偏振度相对反射率同时较大，有利于该型荒漠伪装板检测和表面属性分析。

不同光照条件坦克缩比模型目标高光谱偏振特性测量结果如图 6-7 所示。测量在入射光强度分别为 24101lx、13477lx、6298lx 和 1900lx 条件下完成。

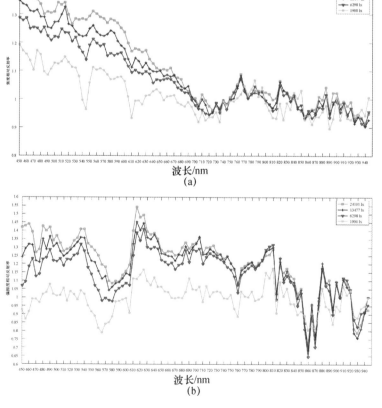

图 6-7　不同光照条件坦克缩比目标高光谱偏振特性测量结果

（a）坦克缩比目标合成强度反射率光谱；（b）坦克缩比目标偏振度反射率光谱。

测量结果表明：

（1）在不同光照条件下，在 450～770nm 波段范围内，坦克缩比目标合成强度和偏振度反射率光谱发生变化，相同探测波段下，光照越强，合成强度反射率越大，偏振度相对反射率也越大。

（2）在不同光照条件下，坦克缩比目标合成强度相对反射率光谱变化较大，偏振度相对反射率光谱变化较小，表明坦克缩比目标偏振度图像具有一定抗光照变化能力。

（3）在不同光照条件下，探测波段在 480～540nm、610～705nm、765～810nm、820～835nm 区间内选择，坦克缩比目标合成强度和偏振度相对反射率同时较大，有利于该型坦克缩比目标检测和表面属性分析。

不同光照条件悍马车缩比模型目标高光谱偏振特性测量结果如图 6-8 所示。测量在入射光强度分别为 24088lx、13391lx、6309lx 和 1897lx 条件下完成。

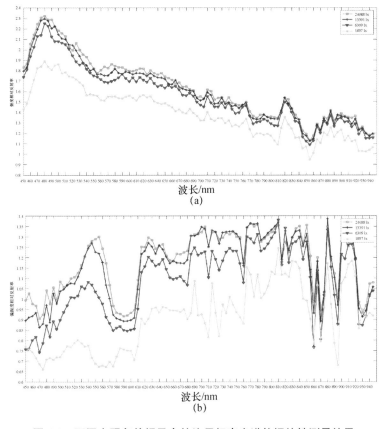

图 6-8 不同光照条件悍马车缩比目标高光谱偏振特性测量结果

（a）悍马车缩比目标合成强度反射率光谱；（b）悍马车缩比目标偏振度反射率光谱。

测量结果表明：

（1）在不同光照条件下，悍马车缩比目标合成强度和偏振度反射率光谱发生变化，相同探测波段下，光照越强，合成强度反射率越大，偏振度相对反射率也越大。

（2）在不同光照条件下，悍马车缩比目标合成强度相对反射率光谱变化较大，偏振度相对反射率光谱变化较小，表明悍马车缩比目标偏振度图像具有一定抗光照变化能力。

（3）在不同光照条件下，探测波段在765～840nm区间内选择，悍马车缩比目标合成强度和偏振度相对反射率同时较大，有利于该型悍马车缩比目标检测和表面属性分析。

6.1.4　多观测角度伪装目标高光谱偏振特性

在不同观测角度条件下，分别对荒漠伪装网、荒漠伪装板、坦克缩比模型和悍马车缩比模型进行成像探测，并分析其高光谱偏振特性。

不同观测角度荒漠伪装网高光谱偏振特性测量结果如图6-9所示。实验在观测角分别为58°、64°和70°条件下完成。

测量结果表明：

（1）在不同观测角度条件下，荒漠伪装网合成强度反射率光谱相似，但受观测角度影响较大，相同探测波段下，观测角与入射角差值越小，合成强度反射率越大。偏振度反射率光谱相似，但有差异。

（2）不同观测角度条件下，探测波段在690～740nm区间内选择，荒漠伪装网合成强度和偏振度相对反射率同时较大，有利于该型荒漠伪装网检测和表面属性分析。

不同观测角度荒漠伪装板高光谱偏振特性测量结果如图6-10所示。测量在观测角分别为58°、64°和70°条件下完成。

测量结果表明：

（1）在不同观测角度条件下，合成强度反射率光谱相似，但受观测角度影响较大，相同波段下，观测角与入射角差值越小，强度反射率越大。偏振度反射率光谱相似，但有差异。

（2）在不同观测角度条件下，探测波段在510～540nm、580～600nm和590～750nm区间内选择，荒漠伪装板合成强度和偏振度相对反射率同时较大，有利于该型荒漠伪装板检测和表面属性分析。

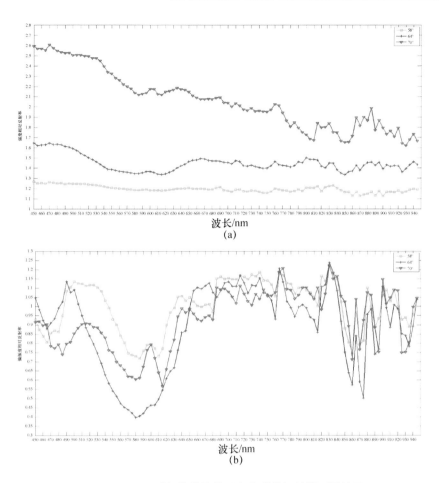

图 6-9 不同观测角荒漠伪装网高光谱偏振特性测量结果

（a）荒漠伪装网合成强度反射率光谱；（b）荒漠伪装网偏振度反射率光谱。

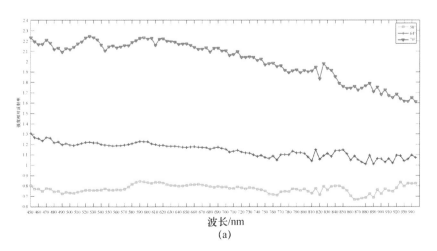

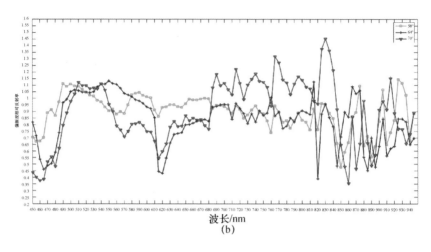

(b)

图 6-10 不同观测角度荒漠伪装板高光谱偏振特性测量结果

（a）荒漠伪装板合成强度反射率光谱；（b）荒漠伪装板偏振度反射率光谱。

不同观测角度坦克缩比模型目标高光谱偏振特性测量结果如图 6-11 所示。测量在观测角分别为 58°、64° 和 70° 条件下完成。

测量结果表明：

（1）在不同观测角度条件下，合成强度反射率光谱相似，但受观测角度影响较大，相同探测波段，观测角与入射角差值越小，合成强度反射率越大。偏振度反射率光谱相似，但有差异。

（2）在不同观测角度条件下，探测波段在 480～550nm、620～650nm 和 685～755nm 区间内选择，坦克缩比目标合成强度和偏振度相对反射率同时较大，有利于该型坦克缩比目标检测和表面属性分析。

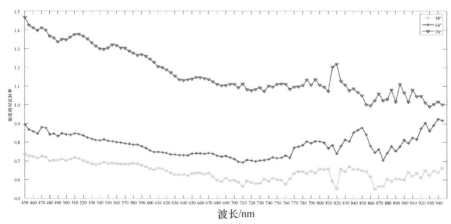

(a)

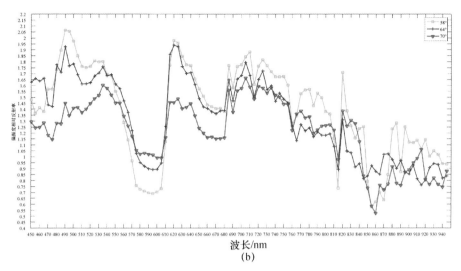

图 6-11　不同观测角度坦克缩比目标高光谱特性测量结果

（a）坦克缩比目标合成强度反射率光谱；（b）坦克缩比目标偏振度反射率光谱。

不同观测角度悍马车缩比模型目标高光谱偏振特性分析测量结果如图 6-12 所示。测量在观测角分别为 58°、64° 和 70° 条件下完成。

测量结果表明：

（1）在不同观测角度条件下，合成强度反射率光谱相似，但受观测角度影响较大，相同探测波段，观测角与入射角差值越小，合成强度反射率越大。偏振度反射率光谱相似，但有差异。

（2）在不同观测角度条件下，探测波段在 545～565nm 和 825～835nm 区间内选择，悍马车缩比目标合成强度和偏振度相对反射率同时较大，有利于该型悍马车缩比目标检测和表面属性分析。

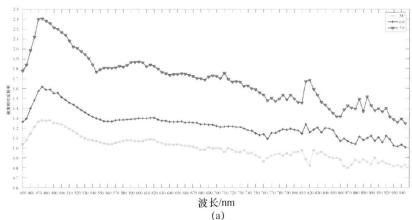

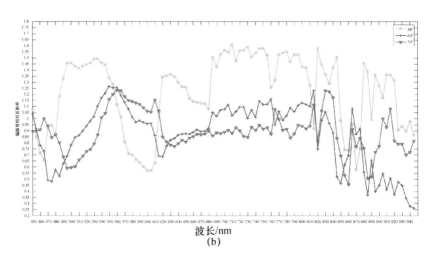

波长/nm
(b)

图 6-12   不同观测角度悍马车缩比目标高光谱偏振特性测量结果

(a) 悍马车缩比目标合成强度反射率光谱；(b) 悍马车缩比目标偏振度反射率光谱。

6.2   基于引导滤波和参数核图割的荒漠伪装目标高光谱偏振图像分割

已知荒漠背景下伪装目标单波段光谱特性后，可以快速选择若干有效的单波段图像数据进行处理，节省了大量的时间。但典型单波段一旦选定后，解析出来的偏振参量图像波段就间接定下来，数据信息量也无法避免地减少了。由伪装目标高光谱偏振特性分析可知，伪装目标强度和偏振度相对反射率峰值往往并不在同一波段。因此，为了提高目标检测能力，本节提出了基于引导滤波和参数核图割的荒漠伪装目标高光谱偏振图像分割方法。

利用本节提出的图像分割方法可以将图像中目标从背景中分离出来，提高目标检测能力。目前，图像分割在工业检测、医学图像处理及机器视觉等领域得到了广泛应用。根据图像分割方法的原理不同，图像分割方法大致有基于图像边缘的分割、基于阈值的分割、基于区域的分割、基于聚类的分割和基于图论的分割五类。基于图像边缘的分割是通过边缘检测算子，检测图像边缘轮廓，实现图像分割。该方法边缘定位准，计算速度快；但是图像边缘的连续性和封闭性不能保证，对边缘复杂图像分割效果不好[2]。基于阈值的分割是选取一个或者多个阈值，将图像像素划分为不同归属，实现图像分割。该方法计算简单，复杂度低；但是对图像直方图模型要求较高，适应性不稳定[3]。基于区域的分割是根据图像空间特征信息（如纹理、颜色以及灰度等），将空间信息一致的像素划分为同一区域类型，实现图像分割。该方法分割效果较好，但容易因图像存在噪声，而出现过分割的现象[4]。基于聚类的分割是将图像像素按照一定规则映射到不同区域，并对不同区域进行标记，实现图像分割。该方法可以实现自动化分割，分割效果较好；但是存在速度慢、计算复杂和对噪声敏感的不足[5]。基于图论的分割是使图像映射成加权图像，把图像像素点当作图论理论中的节点，再利用最小分割准则实现分割。该方法通过把图像分割问题转化为优化问题，鲁棒性和适应性较好，在图像分割领域得到了广泛应用[6]。因此，本章将基于图论的分割算法作为研究重点。

引导滤波器是一种可以有效地保留边缘轮廓等细节信息的滤波器。偏振参量图像经过引导滤波器滤波预处理后，在平滑滤波的同时，较好地保留了边缘轮廓等细节信息。将边缘和细节信息提取出来加强至原图像，便可得到边缘细节增强的偏振参量图像，提高原图像边缘细节信息清晰度。

因此，利用本节提出的方法对选定波段的偏振参量图像进行引导滤波，然后将细节信息加强至原图像，提高原图像清晰度，最后再利用参数核图割方法对偏振参量图像进行有效分割，从而提高典型单波段的目标检测能力。

6.2.1 引导滤波原理

令引导图像表示为 I，输入图像表示为 p，输出图像表示为 q，假定在同一个方形窗口内，引导图像 I 中像素与输出图像 q 对应窗口中像素存在线性关系，表达式如下式[7]：

$$q_i = a_k I_i + b_k \quad (\forall i \in \omega_k) \tag{6-2}$$

式中：i 为像素点；ω_k 为以像素点 k 为中心、$n \times n$ 大小方形窗口（n 表示像素点个数）；a_k、b_k 为中心像素点为 k 时的常数系数。

为了对输入图像 p 实现保持边缘和细节信息，令输入图像 p 即为引导图像 I，则式（6-2）变换为

$$q_i = a_k p_i + b_k \quad (\forall i \in \omega_k) \tag{6-3}$$

对式（6-3）两端求取梯度，则有

$$\nabla q_i = a_k \nabla p_i \tag{6-4}$$

由式（6-4）可知，输入图像 p 与输出图像 q 的边缘梯度呈线性关系。这就表明，引导滤波后边缘轮廓等细节部分得到了保持，而且 a_k 越大，输出图像 q_i 边缘越清晰，反之，输出图像 q_i 越模糊。

在求解线性模型中常数系数 a_k、b_k 的值时，定义目标函数为

$$F(a_k,b_k) = \sum_{i=\in w_k} \left[(a_k p_i + b_k - p_i)^2 + \varepsilon a_k^2 \right] \tag{6-5}$$

当 F（a_k，b_k）最小时，a_k、b_k 取得最优值。式（6-5）中 ε 为正则化参数，主要是防止出现 a_k 过大的情况。利用最小二乘法，则有

$$\begin{cases} a_k = \dfrac{\dfrac{1}{n^2}\sum\limits_{i\in \omega_k} p_i^2 - \mu_k^2}{\sigma_k^2 + \varepsilon} \\ b_k = \mu_k - a_k \mu_k \end{cases} \tag{6-6}$$

式中：μ_k 为输入图像 p 窗口 ω_k 中像素均值；σ_k 为输入图像 p 窗口 ω_k 中像素方差。

在窗口移动滤波时，像素点 i 会被多个窗口包含。像素点 i 每被包含一次，则 a_k、b_k 都会取值不同。因此需要做平均处理，表达式如下：

$$q_i = \frac{1}{n^2}\sum_{i=\in \omega_k}(a_k p_i + b_k) \tag{6-7}$$

6.2.2 参数核图割原理

2001 年，Boykov 等基于图论、人机交互提出了图切割模型[8]，这是参数核图割的基础。图割方法的思想是将图像中每个像素赋予一个标签值，然后将标签值相同的像素划分为同类，利用连接起来的边缘实现分割。二维图像数据可以看作离散函数值，由此图像可以表达为

$$I: p \in \Omega \subset \mathbf{R}^2 \Leftrightarrow I_p = I(p) \tag{6-8}$$

式中：I 为图像；p 为像素点坐标；Ω 为坐标集合；I_p 为 p 位置时图像的灰度值。

假设图像 I 被分成 P 个区域，不同区域的每个像素被赋予了不同标签值，令标签值为 l 的图像区域记为 R_l，记标签集合为 L，则有

$$R_i \cap R_j = \varnothing \quad (i,j \in L(i \neq j)) \tag{6-9}$$

定义一个为图像 I 中每个像素点赋予标签值的函数 λ，则有

$$\lambda: p \in \Omega \rightarrow \lambda(p) \in L \tag{6-10}$$

则区域 l 的标签值可表示为

$$R_l = \{ p \in \Omega \mid \lambda(p) = l \} \tag{6-11}$$

基于图像像素标签值，建立能量函数，定义如下：

$$E(\lambda) = R(\lambda) + \rho B(\lambda) \tag{6-12}$$

式中：$R(\lambda)$ 为区域项；$B(\lambda)$ 为边界项；ρ 为调节边界项的权重。

区域项 $R(\lambda)$ 是图像属于前景或者背景像素点的能量，边界项 $B(\lambda)$ 是指图像中普通点间构成的 nLinks 的能量。当能量函数取得最小值时，则表明图像分割达到了最优。

当区域项中的数据服从高斯分布时，则可将区域项定义为

$$R(\lambda) = \sum_{p\in\Omega} D_p[\lambda(p)] = \sum_{l\in L}\sum_{p\in R_l}(\mu_l - I_p)^2 \tag{6-13}$$

式中：μ_l 为分段常数模型中区域 R_l 的参数。

与此同时，定义边界项为

$$B(\lambda) = \sum_{\langle p,q\rangle\in N} r[\lambda(p),\lambda(q)] \tag{6-14}$$

式中：N 为被分割图像中 nLinks 的集合；$r[\lambda(p),\lambda(q)]$ 为平滑正则函数，const 为常数。

$$r[\lambda(p),\lambda(q)] = \min[\mathrm{const}, |\lambda(p)-\lambda(q)|^2]$$

由于图切割模型是基于人机交互实现的，需要人工选出前景/背景种子点，因而具有一定局限性。因此，2011 年，Salah 等在图割模型基础上，提出了非监督的参数核图割模型[9]。参数核图割方法的思想是利用核函数将式（6-13）中 μ_l、I_p 变换到高维的特征空间，由此二维线性不易被分的数据变换成高维线性易分，分割后再变换为二维数据，实现图像分割。

参数核图割模型中均为点运算，由 Mercer 定理推导可得，任何连续、对称且正定的核函数在高维空间中可表示成点积的形式，因此不需要计算核函数[8]。

定义图像数据变换到高维特征空间的核函数为 Φ。与图割模型类似，图像 I 中的每个像素都被赋予标签值，标签值相同的像素映射到高维特征空间后会被分配到同一区域，区域 l 的标签值，可表示为

$$R_l = \{p\in\Omega | \lambda(p) = l\} \tag{6-15}$$

因此，在高维核空间中，建立能量函数为

$$F_k(\{\mu_l\},\lambda) = \sum_{l\in L}\sum_{p\in R_l}[\Phi(\mu_l)-\Phi(I_p)]^2 + \rho\sum_{\langle p,q\rangle\in N} r[\lambda(p),\lambda(q)] \tag{6-16}$$

式中：F_k 为图像像素间核诱导非欧几里得距离；右端第一项为核诱导距离项；第二项为平滑项。引入核函数 $K(y,z)$，其表达形式为

$$K(y,z) = \Phi(y)^{\mathrm{T}}\cdot\Phi(z) \quad (\forall (y,z)\in I^2) \tag{6-17}$$

式中："$\cdot$" 为高维特征空间中的点积运算。

利用式（6-17）整理式（6-16），则有

$$
\begin{aligned}
J_K(I_p,\mu) &= \|\Phi(I_p)-\Phi(\mu)\|^2 = [\Phi(I_p)-\Phi(\mu)]^{\mathrm{T}} \cdot [\Phi(I_p)-\Phi(\mu)] \\
&= \Phi(I_p)^{\mathrm{T}}\Phi(I_p)-\Phi(\mu)^{\mathrm{T}}\Phi(I_p)-\Phi(I_p)^{\mathrm{T}}\Phi(\mu)+\Phi(\mu)^{\mathrm{T}}\Phi(\mu) \\
&= K(I_p,I_p)+K(\mu,\mu)-2K(I_p,\mu) \quad (\mu\in\{\mu_l\}_{1\leqslant l\leqslant N})
\end{aligned}
$$

$$(6\text{-}18)$$

将式（6-18）代入式（6-16）中，可得

$$
F_k(\{\mu_l\},\lambda)=\sum_{l\in L}\sum_{p\in R_l}J_k(I_p,\mu_l)+\rho\sum_{\langle p,q\rangle\in N}r[\lambda(p),\lambda(q)] \tag{6-19}
$$

当能量函数取得最小值时，图像分割便达到了最优。整个优化过程分为两步：第一步，固定图像像素的标签值后，通过梯度下降求解区域参数 μ_l；第二步，基于第一步所得区域参数 μ_l，用图割迭代，寻找最优分割方案。两步迭代多次，直到目标函数 F_k 收敛或者取得最小值。

6.2.3 基于引导滤波和参数核图割的高光谱偏振图像分割算法

基于引导滤波和参数核图割的高光谱偏振图像分割方法流程图如图 6-13 所示。

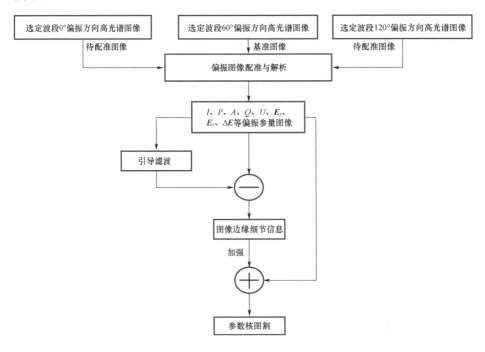

图 6-13　本节分割方法流程图

分割方法流程如下：

（1）输入选定典型单波段 $0°$、$60°$和 $120°$三个偏振方向高光谱图像；

（2）以 $60°$偏振方向高光谱图像为基准图像，其余两个方向图像为待配准图像，利用第 4 章提出的图像配准方法进行配准，再解析出各个偏振参量图像；

（3）对每个偏振参量图像进行引导滤波平滑，并且与原图像进行相减，获取图像边缘细节信息；

（4）将图像边缘细节信息乘以加强系数（大于 1），加强至偏振参量原图像；

（5）利用参数核图割算法，对边缘细节信息加强后图像进行分割，实现目标检测。

为了验证算法的可行性和有效性，抽取 800nm 波段荒漠伪装板高光谱偏振图像作为实验对象，并与模糊 C 均值聚类、均值漂移（mean-shift）算法、大津（Otsu）阈值法进行比较。实验用计算机配置：CPU Intel（R）Pentium（R）G640；内存：2GB；操作系统：32bit Window XP Professional；运行环境：Matlab R2013a。以 800nm 波段强度图像分割结果为示例，算法分割结果如图 6-14 所示。

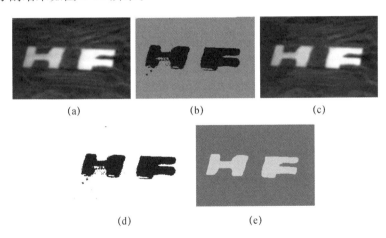

图 6-14 算法分割结果

（a）合成强度图像；（b）FCM 结果；（c）均值漂移结果；（d）Otsu 结果；（e）本节结果。

为了对不同图像分割方法结果进行客观评价，本节选取了基于信息论与最小描绘符的图像区域熵 E、错分率 P 和运行时间 T 作为客观评价指标。图像分割结果评价见表 6-2。

表 6-2　图像分割结果评价

评价指标	FCM	均值漂移	Otsu	本节方法
E	0.351029	0.394627	0.345734	0.286125
$P/\%$	4.823	8.0247	4.502	3.145
T/s	5.266109	2.060827	1.207787	1.149951

图像区域熵越小，表明图像分割区域内一致性越好。由表 6-2 数据可知，本节方法在分割后区域内一致性、错分率、运行时间三个指标上，均优于模糊 C 均值聚类、均值漂移算法和大津阈值法，是一种可行的、有效的图像分割方法。

6.3　荒漠伪装目标高光谱偏振图像融合

6.3.1　基于波段选择和 Choquet 模糊积分的高光谱偏振图像融合

当未知荒漠背景下伪装目标典型单波段时，需要处理很多组全波段图像数据。由于同一时刻，不同波段，伪装目标强度和偏振度有变化，不同时刻，受太阳光入射角的影响，同一波段，伪装目标强度和偏振度也都会发生变化，巨大的信息处理量不可避免存在耗时长的不足。因此，为了提高目标检测效率，本章提出了基于波段选择和 Choquet 模糊积分的高光谱偏振图像融合方法。

偏振图像融合可以强化图像目标细节信息，有效地提高图像视觉效果和目标检测能力，目前已在影视特效、遥感探测和军事侦察等方面得到了广泛应用。按照偏振图像融合算法的不同，可以大致将现有偏振图像融合方法分为基于数学模型的融合方法、基于伪彩色的融合方法和多尺度变换的融合方法。基于数学模型的融合方法，要求融合图像与融合方法的数学模型相符，才能取得较好的融合效果，该类方法具有一定局限性[10]。其以加权平均法、压缩感知法和 PCA 融合为代表。基于伪彩色的融合方法，在融合时权重固定，导致不能视图像实际特点进行变化，实现图像融合[11]。其以基于 HSV 或者 IHS 空间的融合方法为代表。多尺度变换的融合方法，可以提高图像清晰度，突出边缘轮廓细节信息，是较常用的融合方法。其融合方法中小波变换法较为经典，小波变换法具有方向选择性、正交性及频域分辨率可变性等优点[12]。离散小波变换对平移不敏感，不利于图像融合的效果。因此，这里选择具有平移不变性的离散平稳小波变换。

得到目标三个偏振方向高光谱偏振图像后，每个波段都可以解析出目标 I、P、Q、U、θ、E_x、E_y、ΔE、β 等偏振参量图像。为了提高视觉效果，常选用细节轮廓清晰的偏振参量图像与强度图像进行融合处理。细节轮廓清晰度越好，融合后图像视觉效果越好。

因此，本节方法首先在偏振参量图像立方体中，各选择一幅目标与背景对比度最大的单波段图像；其次利用 Choquet 模糊积分，从多幅偏振参量图像中选择出最有利于进行融合处理的图像[13]；最后利用离散平稳小波变换，实现图像融合。由此，本节方法既汲取了信息丰富的优势，又大幅度减小了计算量，提高全波段的目标检测能力。

根据前面介绍可知，图像标准差可以衡量图像轮廓清晰度：图像标准差值越大，表明图像轮廓越清晰；反之，图像轮廓越模糊。图像的平均梯度可以衡量图像的细节清晰度：图像平均梯度值越大，表明图像细节越清晰；反之，图像细节越模糊。图像的信息熵可以衡量图像包含的信息量：图像的信息熵值越大，表明图像信息越大；反之，图像信息越少。因此选择标准差、平均梯度和信息熵三个指标来衡量偏振参量图像的细节轮廓清晰程度，为选择偏振参量图像进行融合处理提供指导。

根据模糊测度式（3-15）和式（3-16）可知，可以用模糊测度代替权重值，利用 Choquet 模糊积分非线性加权平均特性，实现基于多个指标中寻找最有利于融合的偏振参量图像。

基于波段选择和 Choquet 模糊积分的荒漠伪装目标高光谱偏振图像融合算法流程图如图 6-15 所示。

融合算法流程如下：

（1）输入伪装目标 0°、60°和 120°三个偏振方向的高光谱图像；

（2）以 60°偏振方向高光谱图像为基准图像，其余两个偏振方向图像为待配准图像，利用配准方法进行图像配准，再解析出各个偏振参量图像立方体；

（3）从各个偏振参量图像数据立方体中，遴选出目标与背景对比度最大的单波段图像；

（4）利用 Choquet 模糊积分的方法，从偏振参量图像中，选择最有利于与强度图像进行融合处理的图像；

（5）基于离散平稳小波变换，进行图像融合处理；

（6）在频域内，基于最大值规则实现融合；

（7）完成融合后，进行离散平稳小波逆变换，获得融合后图像。

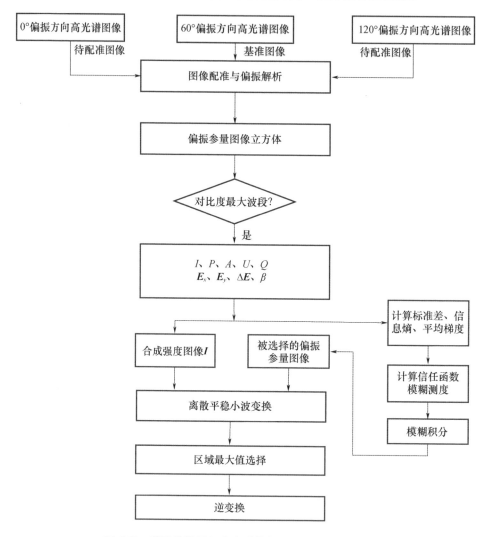

图 6-15　荒漠伪装目标高光谱偏振图像融合算法流程图

为了验证本节算法的可行性和有效性，随机抽取一组荒漠伪装板高光谱偏振图像作为实验对象。采用本节方法进行融合后的图像，并与 PCA 融合方法、LP 融合方法、加权平均融合方法进行了比较，融合前偏振量图像选择结果如图 6-16 所示，融合后图像如图 6-17 所示。

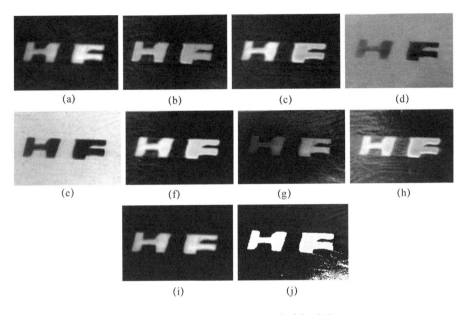

图 6-16 融合前偏振参量图像选择结果

（a）450nm 合成强度图；（b）450nm 偏振度图；（c）595nm Q 图；（d）570nm U 图；

（e）450nm A_1 图；（f）580nm E_x 图；（g）525nm E_y 图；

（h）605nm E_y-E_x 图；（i）450nm 差分图像；（j）540nm 偏振角图。

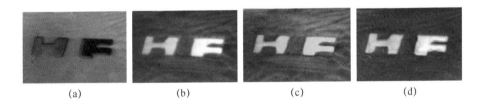

图 6-17 融合后图像

（a）PCA 融合；（b）LP 融合；（c）加权平均融合；（d）本节方法融合。

为了更加客观地对不同融合方法效果进行评价，本节选取图像平均梯度（$\bar{G}$）、标准差（std）、信息熵（H）作为融合效果评价指标，如表 6-3 所列。

表 6-3 融合效果评价指标

评价指标	PCA 融合	LP 融合	加权平均融合	本节方法融合
$\bar{G}$	4.1302	4.0954	5.8752	8.7841
std	9.2578	21.0733	11.6462	22.0796
H	0.07851	0.04713	0.02885	0.1021

由表 6-3 数据可知，在图像平均梯度、标准差、信息熵三个指标上，本节的融合方法评价结果值均较大，这表明本节方法融合效果要优于 PCA 融合方法、LP 融合方法、加权平均融合方法，是一种可行的、有效的融合方法。

6.3.2 基于偏振-强度综合调制的高光谱偏振图像融合

高光谱偏振图像数据不仅具有高光谱图像的光谱特征，对于其单一波段的光谱图像，反映的是探测区域不同类型目标的偏振特性，而目标的偏振特性主要体现了目标的轮廓信息、纹理信息等细节特征，因此选择标准差、平均梯度和信息熵三个指标之和作为图像的信息量综合度量，衡量各波段偏振参量图像的细节轮廓清晰程度，为高光谱偏振图像的波段选择提供指导。

通过 6.2 节的公式，可以得到不同波段偏振特征图像的标准差、平均梯度和信息熵的数值，这些数值对不同波段偏振图像的目标轮廓信息、纹理信息等局部特征进行了量化描述，通过这些具体数据，分别找出不同偏振特征图像综合信息量最大值所对应的波段，可以认为这些波段的偏振特征最能体现出目标的偏振特性。

偏振图像本质上反映了目标的偏振特性，其形式上的获取是通过对不同偏振方向的强度图像，根据公式进行解算得到的，因此也可以称为一种融合图像，只是这种融合能够体现出目标所含有的物理意义。而高光谱偏振图像具有光谱波段广、偏振特征多、图像数据大的特点，高光谱偏振图像信息的融合是将高光谱偏振图像数据中最能体现目标偏振特性的偏振光谱信息提取出来，再通过一定方法将这些信息相融合，能够最大限度地突出目标的轮廓、纹理等细节特征，对所需要的信息进行强化，而对不需要的信息进行弱化，这样便于进行目标的探测和分析。

高光谱偏振图像信息融合实际上是对不同光谱波段的偏振和强度信息的融合，它与偏振信息融合的区别是，所融合的信息不再是单一的某一光谱波段的不同偏振信息，而是不同光谱波段下的偏振信息，这就使得高光谱偏振图像的信息融合过程不仅需要考虑偏振信息的选取，还需要考虑光谱探测波段的选择，通过选择得到兼顾偏振和光谱两方面的最佳组合，以达到最佳的融合效果，最优化地体现出高光谱偏振的优势与特点。

像素级图像信息融合是最基础，也是最成熟的图像融合方法，由于对原始数据的丢失最少，也是最常用的图像融合方法。其主要方法有以下几类：

（1）加权平均融合。加权平均融合是最直接的融合方法，它将原始多源数据进行加权平均的结果作为融合结果。加权平均能消除图像中混杂的高斯噪声，提高图像的信噪比，同时融合算法简单，运算速度快，数据处理实时性好；但是在融合过程中会削弱图像的对比度，使得融合图像的边缘和轮廓变得模糊。

（2）彩色融合。彩色融合同样是一种比较容易实现的融合方法，同时也最容易被人类的视觉系统所接受。它是基于人的视觉系统对彩色的分辨率远高于灰度级的分辨率这一特点提出的，通过对多源原始数据进行彩色化的处理，映射到同一彩色空间，得到一幅假彩色图像，使其更加符合人类的视觉习惯，更加丰富对图像细节的描述。

（3）调制融合。调制最早产生于通信领域，是指一种信号的某项参数随另一种信号的变化而发生变化的过程。图像调制融合通常针对两幅图像之间的融合，将一幅经过归一化处理的待融合图像乘以另一幅待融合图像，相当于对图像的灰度和对比度进行调幅控制。这种融合方法的难处在归一化处理的融合图像的选择。

（4）多分辨率融合。多分辨率分解的图像信息融合方法基于对人眼视觉感知过程的模拟，通过多分辨率分解模拟人类视觉对物体观察由粗到细的过程，主要有基于塔型变换的图像融合和基于小波变换的图像融合两类方法。基于塔型变换的图像融合方法，通过对原始图像的多次滤波，建立塔型分解结构，在塔的每一层根据一定的融合准则进行融合，再对合成的塔式结构进行重构，得到融合图像。基于小波变换的图像融合方法，通过对原始图像进行小波变换，将其分解到不同频率的不同特征域，在每个特征域内根据一定的融合准则进行融合，建立小波金字塔结构，最后通过小波逆变换得到融合图像。

高光谱偏振图像信息的融合不同于传统的强度图像信息融合，它除了传统图像具有的强度信息外，还具有波长和偏振态两类信息，即同时具备了光的三个基本属性。这三个基本属性不仅可以独立反映目标的本质属性，还存在一定的关联。其中强度和波长信息是可以被人眼感知的视觉信息，可显示为不同亮度和颜色的图像，而偏振信息却无法被人眼感知，但其却能精确反映目标的表面形状、纹理特征和轮廓等信息。因此，在高光谱偏振图像信息融合中可以采用偏振、波长与强度综合调制的融合方法。

对于高光谱偏振图像，无论是图像的偏振信息还是强度信息，都基于光谱波段的不同而发生改变，通过基于图像信息量综合度量的高光谱偏振图像波段选择算法，可以选择出信息量最大的偏振波段和强度波段，将其两者有机融合，就能使得融合后的图像既具有强度图像亮度高的特点又包含偏振信息的特征。对于高光谱偏振图像，强度信息只有 1 个，就是解析后得到了合成强度图像；而偏振信息却有 5 种，分别为偏振度、线偏振度、圆偏振度、偏振角和椭偏率。根据这 5 种信息的定义可将其分为两类：一类是偏振度、线偏振度和圆偏振度，表征了光的偏振信息的成分；另一类是偏振角和椭偏率，表征了偏振光的角度信息。

本节提出了基于光强和偏振参量的综合调制融合算法是利用高光谱偏振图像的偏振成分信息和偏振角度信息共同对强度信息进行调制融合。强度信息的平均能量较高，但是对比度低；偏振信息的平均能力较低，但是包含了大量的纹理、轮廓等细节特征，对比度高。因此，两者调制融合后的图像保留了普通强度图像的灰度信息，融合增强了目标的轮廓信息和纹理特征，对比度和清晰度得到整体提升[14-15]。

光强和偏振参量综合调制融合步骤如下：

（1）利用基于图像信息量综合度量的高光谱偏振图像波段选择算法选择出信息量最大的偏振成分波段图像、偏振角度波段图像和合成强度图像。

（2）定义偏振成分图像的调制函数 $M_1=f(P_1)$，偏振角度图像的调制函数 $M_2=f(P_2)$。

（3）对偏振成分调制函数和偏振角度调制函数进行归一化处理：

$$M_1'=\frac{M_1-\min(M_1)}{\max(M_1)-\min(M_1)} \tag{6-20}$$

$$M_2'=\frac{M_2-\min(M_2)}{\max(M_2)-\min(M_2)} \tag{6-21}$$

（4）对式（6-20）和式（6-21）进行基于能量特征的融合：

$$M=\frac{\left[\sum_{i=1}^{m}\sum_{j=1}^{n}M_1^{*2}(i,j)\right]M_1^*+\left[\sum_{i=1}^{m}\sum_{j=1}^{n}M_2^{*2}(i,j)\right]M_2^*}{\sum_{i=1}^{m}\sum_{j=1}^{n}M_1^{*2}(i,j)+\sum_{i=1}^{m}\sum_{j=1}^{n}M_2^{*2}(i,j)} \tag{6-22}$$

（5）将强度图和融合偏振图进行小波变化，得到低频系数 I_{LL} 和 M_{LL}，高频系数 I_{LH}、I_{HL}、I_{HH}、M_{LH}、M_{HL} 和 M_{HH}，对低频系数直接调制融合：

$$I_1'=M_{LL}\times I_{LL}{}^n \tag{6-23}$$

式中：n 的取值与图像亮度有关，根据试验经验，一般取 0.7 左右。

高频系数体现图像细节特征，按照水平、垂直和斜对角线 3 个方向进行

加权融合，在融合过程中，需要考虑不同加权系数之间的相关性，对其相关性定义为

$$k = \frac{2(I_H \times M_H)}{E_{IH} + E_{MH}} \quad (6\text{-}24)$$

式中：I_H 为强度图的高频系数；M_H 为融合偏振图的高频系数；E_{IH} 为强度图的能量值，$E_{IH} = I_H{}^2$；E_{MI} 为融合偏振图的能量值，$E_{MH} = M_H{}^2$。

对相关性设置阈值 t。若 $k > t$，则高频系数融合结果为

$$\begin{cases} I_2' = I_H & (E_{IH} \geqslant E_{MH}) \\ I_2' = M_H & (E_{IH} < E_{MH}) \end{cases} \quad (6\text{-}25)$$

若 $k < t$，则高频系数融合结果为

$$I_2' = \varepsilon_I I_H + \varepsilon_M M_H \quad (6\text{-}26)$$

式中：ε_I、ε_M 分别为强度图加权系数和融合偏振图加权系数，且有

$$\begin{cases} \varepsilon_I = \frac{1}{2}\left(1 - \frac{1-k}{1-\alpha}\right) & (E_{IH} < E_{MH}) \\ \varepsilon_I = \frac{1}{2}\left(1 + \frac{1-k}{1-\alpha}\right) & (E_{IH} \geqslant E_{MH}) \end{cases} \quad (6\text{-}27)$$

$$\varepsilon_M = 1 - \varepsilon_I \quad (6\text{-}28)$$

（6）对融合后的低频系数和高频系数进行小波重构，得到偏振-强度综合调制图像。

图像综合调制融合的关键是调制函数的选取，考虑偏振参量图像的特点是整体亮度偏低，且对比度较低，通常选用对数函数作为调制函数。利用对数函数值越小斜率越大的特点，可以明显提升调制后偏振参量图像的亮度和对比度。

为了验证本节波段选择算法与图像融合算法的可行性和有效性，选择荒漠背景下典型伪装目标的高光谱偏振图像数据为实验对象，使用本节的算法进行波段选择和图像融合。图 6-18 为不同探测波段条件下不同偏振特征图像综合信息量折线图。

根据图 6-18 中数据分析可知：总体上偏振度和线偏振度图像的综合信息量要远大于其他偏振特征参量和合成强度图像；同一探测波长条件下，线偏振度图像的综合信息量略小于偏振度图像；圆偏振度图像的综合信息量整体偏低，但在个别波长和波段数值显著大于其他波长；偏振角、椭偏率和合成强度图像的综合信息量都很低。通过数据比较分析可知，偏振度、线偏振度、合成强度图像的综合信息量在探测波长为 710nm 时最大，圆偏振度图

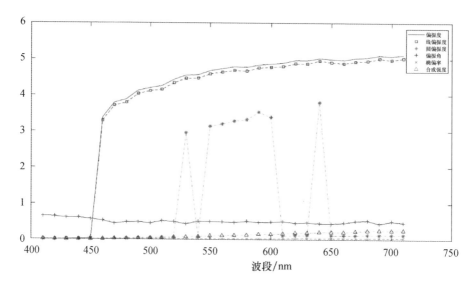

图 6-18 不同探测波段条件下不同偏振特征图像综合信息量折线图

像的综合信息量在探测波长为 640nm 时最大，偏振角图像的综合信息量在探测波长为 410nm 时最大，椭偏率图像的综合信息量在探测波长为 680nm 时最大。

按照偏振-强度综合调制融合算法要求，依据图像信息量综合度量，选择 710nm 的偏振图像为调制图像，710nm 的合成强度图像为被调制图像。偏振-强度综合调制前后图像如图 6-19 所示。

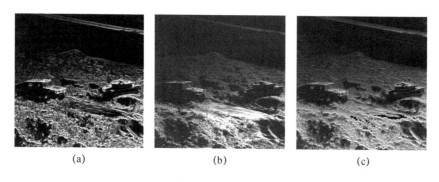

(a)	(b)	(c)

图 6-19 偏振-强度综合调制前后图像

（a）偏振图像；（b）合成强度图像；（c）调制后图像。

通过调制前后图像对比可以发现，调制后的图像整体灰度值分布比较均匀，目标表面的纹理和轮廓信息更加突出，调制后图像的效果明显好于未调制图像。

6.3.3　荒漠伪装目标高光谱偏振图像彩色融合

彩色图像是对客观世界最逼真的描述，也是人类使用最多的一种图像类型。颜色是人眼对可见光的感知结果，由于人眼视觉系统对彩色的敏感性要远高于对灰度的敏感性，利用图像彩色融合方法人为地为灰度图像赋予颜色，使用不同的颜色体现灰度的差异，能更加突出目标和背景的差异，更加凸显图像所包含的大量信息，极大地提高人眼对图像的识别度，有助于更加准确、全面地探测和识别目标。

高光谱偏振图像中包含大量的偏振信息，这些信息能很好地显示目标的轮廓特征和表面细节特征，由于彩色图像对信息的表达更加丰富具体，通过对高光谱偏振图像的彩色处理，能更好地显示图像信息，有利于目标的识别与探测。常用的高光谱偏振图像彩色融合方式有两种：一种是基于 RGB 模型的彩色融合；另一种是基于 HSI 模型的彩色融合。

基于 RGB 模型的彩色融合通常选择三幅不同的图像，对应于 RGB 模型中的红、绿、蓝三原色，使用 RGB 模型融合算法进行融合，得到融合图像的方法。其主要方式有灰度分层、灰度变换、频域变换三种。

灰度分层法是在整个图像的灰度值分布范围内，将其灰度值分为若干个不相互交叉的灰度区间，每个灰度区间赋予不同的彩色，使得图像中每个像元的灰度值与彩色一一对应，以达到图像彩色化的效果。这种方法操作简单；但对图像细节特征的表征不好，会损失较多的图像细节信息，不适用于高光谱偏振图像的彩色融合。灰度变换法是通过变换函数，根据图像的灰度值，分别针对 RGB 模型的三个通道进行独立的变换，每个灰度值相对于三个通道都具有不同的映射关系，再通过 RGB 模型融合算法进行融合，得到融合图像的方法。灰度变化法的核心是变换函数的选择，比较常见和典型的灰度变换方法为彩虹变换。这种方法得到的融合图像彩色种类多，同时可以根据需求对融合结果进行调整，但是变换函数的阈值选择固定不变，不适合偏振特征图像灰度分布连续性低的特点。频域变换法是通过傅里叶变换将图像变换到频域，对频域图像进行滤波处理，获得低通、带通和高通三个频率范围的分量图像，再对三个频域分量图像进行傅里叶逆变换，分别映射到 RGB 模型的三个通道，最终得到融合图像的方法。此方法通过对高频和低频信息的分解，可以对图像的细节信息进行有效表达，但是融合图像的颜色种类较少，色彩不丰富。总体来说，基于 RGB 模型的彩色融合方法算法简单，易于操作，但是对空间颜色的描述不均匀直观,融合后图像的对比度不强。

基于 HSI 模型的彩色融合通过将图像分别映射到色调、色饱和度和亮度三个分量上,使用 HSI 模型的融合算法得到融合图像,再根据 HSI 模型与 RGB 模型的转换关系转换为 RGB 模型的彩色图像。其核心是图像与 HSI 三个分量的映射关系,通常将图像进行归一化处理,再根据相应分量的取值范围乘以相应的系数,得到所需的映射图像。

由于 HSI 模型对彩色的描述更加均匀直观,更加符合人眼的视觉效果;同时,高光谱偏振图像中的合成强度图像反映了亮度信息,偏振度、线偏振度和圆偏振度信息的取值范围都为 [0,1],偏振角和椭偏率反映了角度信息[16],将这些信息融合在一幅图像之中,可以更好地表现与目标偏振光谱特性相关的物理属性。因此,这里提出一种基于 HSI 模型的高光谱偏振图像彩色融合算法[17]。

基于 HSI 模型的目标检测图像彩色融合步骤如下:

(1) 利用基于图像信息量综合度量的高光谱偏振图像波段选择算法选择出信息量最大的偏振成分波段图像、偏振角度波段图像和合成强度图像。

(2) 将得到的偏振成分波段图像和偏振角度波段图像融合得到 H 分量。由于人类视觉对绿色敏感,因此用绿色来表示两幅图像的灰度值中等的部分。首先对两幅图像进行归一化处理,再进行映射,将偏振成分图像 P 由小到大映射到 $180°\sim60°$ 范围,偏振角度图像 A 由小到大映射到 $240°\sim0°$ 范围,映射关系式为

$$\begin{cases} H_P = \pi - \dfrac{2}{3}\pi \times P \\ H_a = \dfrac{4}{3}\pi(1-A) \end{cases} \tag{6-29}$$

根据式 (6-29) 计算可知,偏振角度图像映射结果对应的颜色位于青色和黄色时,图像的灰度值为 0.25 和 0.75,最终的 H 分类映射关系为

$$\begin{cases} H = H_a & (0.25 \leqslant P \leqslant 0.75, a > P) \\ H = H_P & (\text{其他情况}) \end{cases} \tag{6-30}$$

(3) 基于 H 分量的数值进行调整得到 S 分量。根据彩色调制的原理和人眼的视觉感知,增加冷色区和暖色区的色饱和度,降低中间色调区域的色饱和度,通过三角函数的特性实现其功能,映射关系为

$$S = k_1 \cos(k_2 \times H) + k_3 \tag{6-31}$$

　　其中，根据本节使用的高光谱偏振图像的特点及试验效果，k_1、k_2 和 k_3 取值分别为 0.25、1.8 和 0.4 时，饱和度的取值效果良好。

　　（4）将合成强度图像直接作为 I 分量图像使用。

　　（5）依据 HSI 模型的融合算法得到彩色图像，再转化为 RGB 模型的彩色图像，即为最终得到的融合图像。

　　根据基于 HSI 模型的目标检测图像彩色图像融合算法，依据 6.3.2 节图像综合信息量，选择 410nm 的偏振角数据、710nm 的偏振度数据和 710nm 的合成强度数据为基础数据，彩色融合前后图像如图 6-20 所示。通过彩色融合，可以更好地突出目标不同部位的细节特征，对目标的外形轮廓描述更加具体，极大地提高目标识别的精确度。

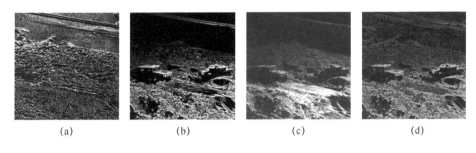

　　　　　　(a)　　　　　　　　(b)　　　　　　　　(c)　　　　　　　　(d)

图 6-20　彩色融合前后图像

（a）偏振角图像；（b）偏振度图像；（c）合成强度图像；（d）彩色融合图像。

参考文献

［1］赵永强，潘泉，程咏梅. 成像偏振光谱遥感及应用［M］. 北京：国防工业出版社，2011.

［2］丁亮，张永平，张雪英. 图像分割方法及性能评价综述［J］. 软件，2010，31（12）：78-83.

［3］夏勇. 图像分割技术研究［D］. 西安：西北工业大学，2004.

［4］黄长专，王彪，杨忠. 图像分割方法研究［J］. 计算机技术与发展，2009，19（6）：76-80.

［5］陆海青，葛洪伟. 自适应灰度加权的鲁棒性模糊 C-均值图像分割［J］. 智能系统学报，2017，13（4）：584-593.

［6］姜枫，顾庆，郝慧珍，等. 基于内容的图像分割方法综述［J］. 软件学报，2017，28（01）：160-183.

［7］武昆．基于边缘保持滤波器的彩色图像增强算法研究［D］．长春：中国科学院长春光学精密机械与物理研究所，2017.

［8］YURI Y BOYKOV，MARIE-PIERRE JOLLY. Interactive graph cuts for optimal boundary & region segmentation of objects in N-D images［C］//Proceedings Eighth IEEE International Conference on Computer Vision ICCV，Vancouver，2001：105-112.

［9］MOHAMED BEN SALAH，AMAR MITICHE，ISMAIL BEN AYED. Multiregion image segmentation by parametric kernel graph cuts［J］. IEEE Transaction on Image Processing，2011，20（2）：545-557.

［10］董安冉．红外光强与偏振图像融合的多算法嵌接组合研究［D］．太原：中北大学，2017.

［11］周彦卿，张卫，顾静良，等．基于HSV空间的红外偏振图像改进融合算法［J］．激光与红外，2014，44（12）：1379-1383.

［12］莫春和．浑浊介质中偏振图像融合方法研究［D］．长春：长春理工大学，2014.

［13］YUAN HONGWU，HUANG QINCHAO，XU GUOMING，et al. A new polarization image fusion method based on Choquet fuzzy integral［J］. International Symposium on Photoelectronic Detection and Imaging，2013，8907：89074G.

［14］CHARLES SHEFFIELD. Selecting Band Combination from Multispectral Data［J］. Photogrammetric Engineering and Remote Sensing，1985，51（6）：681-687.

［15］董安国，龚文娟，韩雪．基于线性表示的高光谱影像波段选择算法［J］．国土资源遥感，2017，29（04）：39-42.

［16］刘宝源．车载红外视频彩色化算法研究［D］．上海：东华大学，2011.

［17］张伟．基于笔画的图像色调调整［D］．上海：上海交通大学，2010.

第7章

潜指纹偏振成像探测技术

指纹鉴定是进行个人识别最可靠的方法之一,科学正确地提取和显现指纹对案情侦查和惩治罪犯具有重要意义。光学检验法符合物证技术工作中无损检验方法优先的原则,是多种显现方法中的首选。现有的光学检验法是基于传统的光度学或辐射度学探测技术,光不仅有强度特性、光谱特性,还有偏振特性。采用偏振成像探测技术不但能够获得目标的强度、光谱等信息,而且能够得到偏振度、偏振角等反映目标表面细节特征的偏振信息,从而可以大大提高对痕迹检测与辨别的效果。

7.1 潜指纹目标偏振特性分析

根据第 1 章目标偏振特性的理论分析,利用潜指纹偏振成像实验系统获取潜指纹偏振数据,对潜指纹偏振特性展开研究。本章首先介绍了数据获取方法;然后根据设计内容展开对潜指纹的偏振反射特性的研究,对比并总结在不同角度、波段、照度以及客体材料等条件下潜指纹的偏振特性的变化规律,为潜指纹的目标检测和识别提供科学依据。结果表明,本章研究的潜指纹偏振特性为偏振成像检测提供更多光学信息。

7.1.1 潜指纹目标偏振特性数据测量

根据潜指纹目标偏振特性的特点和影响因素,对潜指纹采用主动偏振成像检测时,由于目标和客体表面对光吸收、反射的差异,客体表面和目标反射的偏振光会明显不同。这部分偏振光会携带目标材料、纹理和物化信息，能够反映目标本征特征，最后在探测器上形成清晰的图像。

为了分析潜指纹偏振特性随角度、波段、照度以及客体材料变化的特点和规律，展开潜指纹偏振特性的相关研究，通过潜指纹偏振成像实验系统获取潜指纹偏振成像结果，对多种变化条件下的数据进行分析，找到其变化规律。

7.1.1.1 测量方案

通过测量目标的光谱强度、偏振度和偏振角等多个偏振参量来构建 PBRDF 的模型，采用简化的 PBRDF 模型进行样本的偏振特性分析，使用 6 组光源角度（20°、30°、40°、50°、60°、70°）进行偏振数据采集，通过调整偏振片滑动模块，采集 0°、60°、120°三个偏振方向图像，计算每组样本的多偏振参量。

首先，调整光源入射角 θ_i 和探测器探测角 θ_r，其中 θ_i 为 20°～70°，θ_r 为 20°～70°，采集间隔为 10°；其次，设定入射光线的方位角 $\phi_i=180°$，反射光线的方位角 ϕ_r 变动范围为 0°～180°，采集间隔为 30°；最后，调整偏振片滑动模块，采集目标 0°、60°和 120°方向的偏振图像。潜指纹特性数据测量流程图如图 7-1 所示。通过对获取的偏振图像分析，当 $\phi_r=90°$时，目标起偏效果最好，对于潜指纹的偏振成像偏振度更高，所以下面的研究主要考虑反射光线方位角为 90°的情况。

7.1.1.2 数据处理方法

利用潜指纹偏振成像试验系统获取了潜指纹偏振数据，对潜指纹偏振信息的数据处理流程图如图 7-2 所示。首先，将获取的潜指纹三个偏振方向偏振图像按照亚像元配准方法进行配准；其次，将偏振信息进行解析，得到多偏振参量图像；最后，对偏振参量图像进行预处理，找到目标区域并计算潜指纹的偏振信息。

1. 单方向偏振图像的亚像元配准

虽然潜指纹偏振成像实验系统设计选用的是分时型成像机制，对配准要求低，但是在电机转动和系统误差的影响下，可能会造成采集的三个偏振方向的图像像元不一致，使得解析后的偏振参量出现不正确的信息，不能够正确表征目标的偏振态。对于潜指纹的偏振成像检测，目标细节特征信号较弱，需要对图像进行高精度的配准，所以需要选用亚像元配准方法对三个偏振方向进行配准，配准后再进行偏振信息解析得到多偏振参量图像。

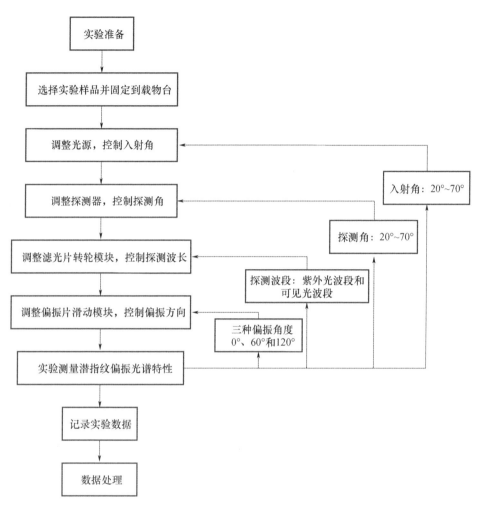

图 7-1 潜指纹特性数据测量流程

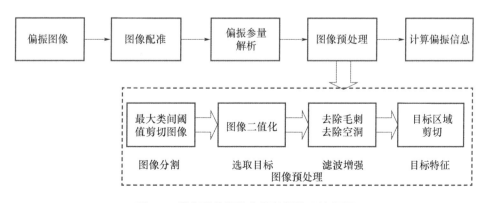

图 7-2 潜指纹偏振信息的数据处理流程图

2. 偏振信息解析

根据第 1 章偏振成像探测机理可得目标斯托克斯参量：

$$\begin{cases} I_i = \dfrac{2}{3}\left[I_o(0°)+I_o(60°)+I_o(120°)\right] \\[2mm] Q_i = \dfrac{2}{3}\left[2I_o(0°)-I_o(60°)-I_o(120°)\right] \\[2mm] U_i = \dfrac{2}{\sqrt{3}}\left[I_o(60°)-I_o(120°)\right] \end{cases} \tag{7-1}$$

线偏振度（DOLP）和偏振角（AOP）计算公式为

$$\mathrm{DOLP} = \frac{\sqrt{Q^2+U^2}}{I} \tag{7-2}$$

$$\mathrm{AOP} = \frac{1}{2}\arctan\frac{U}{Q} \tag{7-3}$$

根据线偏振度和斯托克斯矢量的定义，令 $P_i = \mathrm{DOLP}$，可以计算出电矢量在 X 轴方向上的分量 E_x、在 Y 轴方向上的分量 E_y 以及两者之差 $E_x - E_y$：

$$\begin{cases} E_x = a_x\cos(\tau+\varphi_x) \\ E_y = a_y\cos(\tau+\varphi_y) \\ E_x - E_y = a_x\cos(\tau+\varphi_x) - a_y\cos(\tau+\varphi_y) \end{cases} \tag{7-4}$$

式中：$\tau = \omega t - \dfrac{2\pi}{\lambda}Z$；$a_x$、$a_y$ 分别为偏振光 x、y 振动分量的振幅；φ_x、φ_y 分别为偏振光 x、y 振动分量的相位（°）。

根据上面的公式可以计算出差分信息（PDI）：

$$\mathrm{PDI} = I_{\max} + I_{\min} = \frac{(1+P_i)\times I_i}{2} - \frac{(1-P_i)\times I_i}{2} \tag{7-5}$$

根据式（7-1）～式（7-5），可以得到被测目标的 I、Q、U、DOLP、AOP、E_x、E_y、$E_x - E_y$ 和 PDI 等多参量偏振图像。

3. 图像分割

图像分割采用最大类间方差法，其主要思想是将图像的信息划分为两部分，划分依据是设定的一个阈值，以阈值为衡量标准，将图像中的信息进行划分。利用该阈值可以将图像分为前景和背景两个部分，潜指纹部分一般为前景。

设图像包含 L 个灰度级（0，1，…，$L-1$），灰度值为 i 的像素点数为 N_i，图像总的像素点数为 $N = N_0 + N_1 + \cdots + N_{L-1}$。灰度值为 i 的点的概率为

$$P(i) = N(i)/N \tag{7-6}$$

阈值 t 将整幅图像分为暗区 c_1 和亮区 c_2 两类，则类间方差 σ 是 t 的函数：

$$\sigma = a_1 a_2 (u_1 - u_2)^2 \tag{7-7}$$

式中：a_j 为类 c_j 的面积与图像总面积之比；$a_1 = \text{sum}\,[P(i)]$，$0 \leqslant i \leqslant t$，$a_2 = 1 - a_1$；$u_j$ 为类 c_j 的均值，且有

$$\begin{cases} u_1 = \text{sum}[iP(i)]/a_1 & (0 \leqslant i \leqslant t) \\ u_2 = \text{sum}[iP(i)]/a_2 & (t+1 \leqslant i \leqslant L-1) \end{cases} \tag{7-8}$$

该法选择最佳阈值 t 使类间方差最大，即令 $\Delta u = u_1 - u_2$，

$$\sigma_b = \max\{a_1(t) a_2(t) (\Delta u)^2\} \tag{7-9}$$

4. 滤波增强

滤波增强是由平均滤波器和分离滤波器构成。平均滤波器可以保证断裂的纹理的完整性，分离滤波器则可以消除分叉点。

二值化图像经过平均滤波器的处理，其每一点灰度值由它邻近的 24 个（因为是 5×5 的滤波器）像素的灰度值决定，因此可以用下式对 $f(i, j)$（第 i 行和第 j 列的灰度值）进行处理：

$$f(i,j) = \sum_{m=-2}^{2} C \times f(i-2, j+m) + \sum_{m=-2}^{2} B \times f(i-1, j+m) + \sum_{m=-2}^{2} A \times f(i, j+m)$$
$$+ \sum_{m=-2}^{2} B \times f(i+1, j+m) + \sum_{m=-2}^{2} C \times f(i+2, j+m) \tag{7-10}$$

可以发现，指纹图像中分叉点的灰度要比其周围点的灰度大，所以在经过分离滤波器对图像的处理后可以看到指纹中的分叉点会被重新去除。

通过以上图像处理找到潜指纹偏振图像中的目标区域，并计算各偏振参量的偏振信息，最终绘制出潜指纹偏振反射特性随条件改变的曲线。

7.1.1.3 样本

为研究多样本的潜指纹，实验室设置了潜指纹样本库，其中包括指印材料和客体材料。潜指纹目标准备了汗潜指纹、油潜指纹、灰潜指纹和血潜指纹 4 种类型。汗潜指纹是将手洗净后，戴上乳胶手套等待 10min，手指在客体材料的表面适度按捺形成的；油潜指纹是将手洗净后，手指轻蘸准备好的食用油，在客体材料的表面适度按捺形成的；灰潜指纹是将手洗净后，手指轻蘸灰尘区域，在客体材料的表面适度按捺形成的；血潜指纹用干净手指轻蘸准备好的鸡血，在客体材料的表面适度按捺形成的。

指纹库中的客体材料主要包含：材料 A，玻璃镜面；材料 B，金属漆板；

材料 C，瓷砖；材料 D，塑料板；材料 E，凸版纸；材料 F，打印纸。试验目标是在试验样品上按捺的潜指纹，指纹尺寸为 1.5cm×1.5cm。潜指纹客体材料如图 7-3 所示。

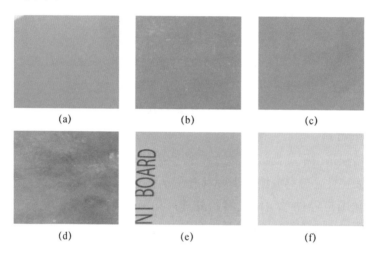

图 7-3　潜指纹客体材料

(a) 玻璃镜面；(b) 金属漆板；(c) 瓷砖；(d) 塑料板；(e) 凸纸板；(f) 打印。

图像数据采用 3 次测量结果取平均作为最终结果，下面选取一组样品 A 上汗潜指纹，对目标板上的汗潜指纹进行偏振成像，设置潜指纹偏振成像实验系统，获取三个偏振方向的图像，应用式（7-1）～式（7-5）进一步解析多偏振参量，如图 7-4 所示为汗潜指纹偏振参量解析图。

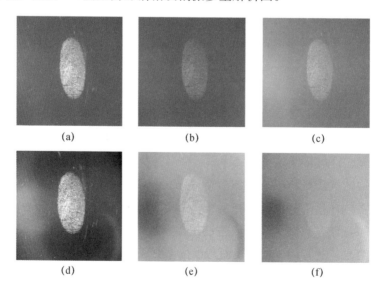

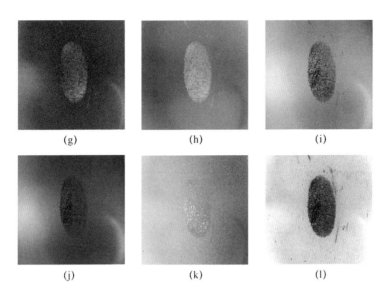

图 7-4　汗潜指纹偏振参量解析图

(a) 0°偏振图；(b) 60°偏振图；(c) 120°偏振图；(d) S_0 图；(e) S_1 图；(f) S_2 图；(g) E_x 图；

(h) $E_x - E_y$ 图；(i) E_y 图；(j) PDI 图；(k) AOP 图；(l) DOLP 图。

对偏振参量进行预处理最终得到目标区域的潜指纹偏振信息，其中以偏振参量 S_0 图预处理结果为例。偏振参量图像处理如图 7-5 所示。

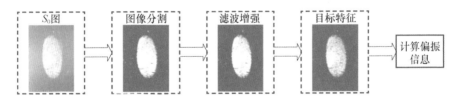

图 7-5　偏振参量图像预处理

结果表明，对偏振图像进行多偏振参量解析，得到了多偏振参量图像信息，其中偏振参量 S_0、S_1 和 $E_x - E_y$ 主要集中了亮度信息，而 E_y 和 DOLP 图像包含了丰富的细节信息，指纹的整体轮廓在客体背景下清晰凸显。所以对比分析各个偏振参量图像，改变探测条件，找到汗潜指纹偏振信息的变化规律，有利于分析汗潜指纹的表面属性及汗潜指纹的检测。

7.1.2　潜指纹目标偏振特性研究

7.1.2.1　不同角度条件下潜指纹偏振特性

对于汗潜指纹，当手指按捺在客体材料时，只有极少数的指纹沉淀物被留在物体的表面上，而其中 99% 的成分是水，所以需要找到汗潜指纹的反射率和布儒斯特角。在美国开源折射率数据库（refractiveindex. info）中可以找到所有材质样本的反射率及布儒斯特角等资料。汗潜指纹布儒斯特角如表 7-1 所列。

表 7-1 汗潜指纹布儒斯特角

波段/nm	254	280	340	365	390	450
布儒斯特角/ (°)	53.68	53.53	53.48	53.41	53.41	53.41

为了研究角度对汗潜指纹偏振反射特性的影响，采集不同角度条件的汗潜指纹偏振参量图像进行分析，其中以样本 A 为客体材料进行成像检测，固定探测波长（365nm）和照度（不加衰减片），图 7-6 为汗潜指纹在多角度条件下的偏振参量变化曲线。

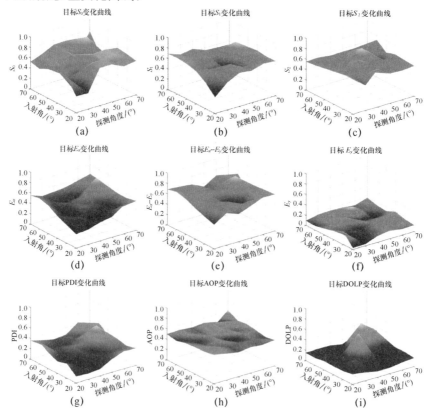

图 7-6 汗潜指纹在多角度条件下的偏振参量变化曲线

(a) S_0 图；(b) S_1 图；(c) S_2 图；(d) E_x 图；(e) $E_x - E_y$ 图；

(f) E_y 图；(g) PDI 图；(h) AOP 图；(i) DOLP 图。

从图 7-6 可以看出：

（1）汗潜指纹偏振参量 S_0、S_1、E_x、E_x-E_y、PDI 和 DOLP 随角度改变起伏变化较大，在成像检测时受角度影响较明显，找到其特征角度有利于汗潜指纹的检测。汗潜指纹偏振参量特征角度如表 7-2 所列。

表 7-2 汗潜指纹偏振参量特征角度

偏振参量	S_0	S_1	E_x	E_x-E_y	PDI	DOLP
入射角/（°）	60	60	50	50	50	60
探测角/（°）	50	70	60	60	60	60

（2）当探测角不变时，汗潜指纹偏振参量 S_0、S_1、E_x 和 E_x-E_y 随着入射角的增大而增大，当达到镜面反射角时，镜面反射作用增强，偏振参量受镜面反射光影响较大，图像中目标与背景难以区分，在镜面反射角附近相对值较低，当入射角超过镜面反射角时偏振参量随着角度增大而增大。

（3）当探测角不变时，汗潜指纹偏振参量 PDI 和 DOLP 随着入射角的增大而增大，当达到镜面反射角时，受镜面反射光影响较小，在镜面反射角附近相对值较高，并在布儒斯特角附近达到最大值，利于潜指纹的检测和表面属性分析，当入射角超过镜面反射角时偏振参量随着角度增大而减小。

7.1.2.2 不同探测波段条件下潜指纹偏振特性

根据目标偏振反射特性可知，目标在布儒斯特角处偏振信息较丰富，所以为了研究不同波段对汗潜指纹偏振反射特性的影响，将探测角度设置为布儒斯特角 $53°$。

以样本 A 为客体材料进行成像检测，采集不同波段条件的汗潜指纹偏振参量图像进行分析。汗潜指纹多波段条件下的偏振参量变化曲线如图 7-7 所示。

由图 7-7 可以看出：

（1）在相同探测条件下，汗潜指纹各偏振参量随波段变化的规律近似，随着波段的增加，各偏振参量呈上升趋势，各自变化趋势相似但存在差异。

（2）随着波段的增加，汗潜指纹偏振参量 S_0 和 DOLP 变化较大，使用该偏振参量进行目标检测时受波段影响较大，优先选用可见光波段，其余偏振参量成像检测时受波段影响较小。

（3）探测波段在 450nm，各偏振参量同时取得较大值，有利于汗潜指纹检测和表面属性分析。

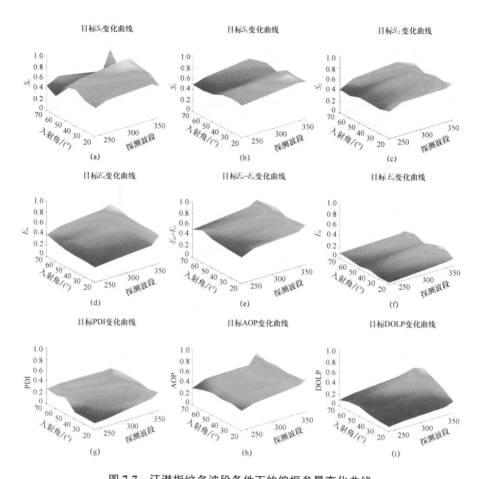

图 7-7　汗潜指纹多波段条件下的偏振参量变化曲线

(a) S_0 图；(b) S_1 图；(c) S_2 图；(d) E_x 图；(e) E_x-E_y 图；(f) E_y 图；

(g) PDI 图；(h) AOP 图；(i) DOLP 图。

7.1.2.3　不同照度条件下潜指纹偏振特性

为了研究照度对汗潜指纹偏振反射特性的影响，需要采集不同照度条件的汗潜指纹偏振参量图像进行分析，其中以样本 A 为客体材料进行成像检测，并设定探测角为 53°时，波段为 365nm。在设置照度时，通过衰减片改变系统光源照度，使用 20%、40%、60%、80% 衰减片来采集不同照度条件下的汗潜指纹偏振参量图像，如图 7-8 所示。

由图 7-8 可以看出：

（1）在相同探测条件下，汗潜指纹偏振参量随照度变化的规律近似，随着照度的增加，各偏振参量呈上升趋势。

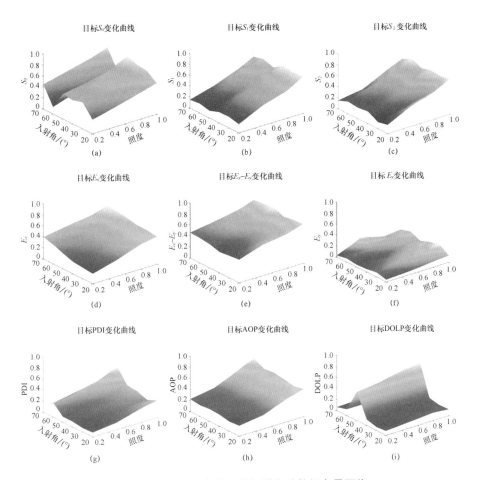

图 7-8　不同照度条件下的汗潜指纹偏振参量图像

(a) S_0 图；(b) S_1 图；(c) S_2 图；(d) E_x 图；(e) E_x-E_y 图；(f) E_y 图；

(g) PDI 图；(h) AOP 图；(i) DOLP 图。

（2）随着照度的增加，汗潜指纹偏振参量 S_0、S_1、S_2、E_x、E_x-E_y、PDI 和 AOP 变化较大，在使用这些偏振参量进行目标成像检测时需要考虑照度的影响，在保证探测器正常响应范围内的光照强度中，优先选用较好光照条件进行目标检测。

（3）随着照度的增加，汗潜指纹偏振参量 E_y 和 DOLP 变化较小，受照度影响较小，表明汗潜指纹 E_y 和 DOLP 图像有一定抗光照变化能力，该偏振参量有利于在强光或弱光条件下对汗潜指纹进行检测。

7.1.2.4　不同客体材料条件下潜指纹偏振特性

为了研究客体材料对汗潜指纹偏振反射特性的影响，需要采集不同客体材料条件的汗潜指纹偏振参量图像进行分析，其中设定探测角为53°，波段为365nm，光源不加衰减片。虽然客体材料种类不同，但各材料之间粗糙度无相互关联性，所以客体材料变化不连续。汗潜指纹不同客体材料条件下的偏振参量变化曲线如图7-9所示。

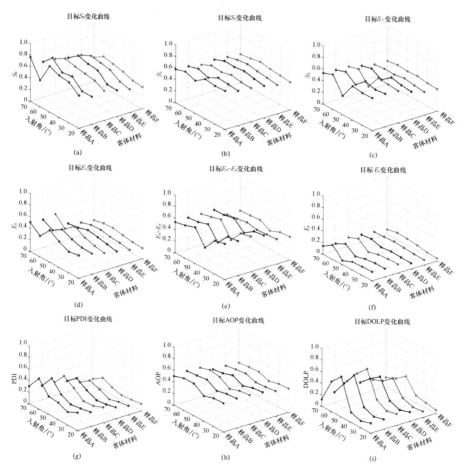

图7-9 汗潜指纹不同客体材料条件下的偏振参量变化曲线

(a) S_0 图；(b) S_1 图；(c) S_2 图；(d) E_x 图；(e) E_x-E_y 图；(f) E_y 图；

(g) PDI 图；(h) AOP 图；(i) DOLP 图。

由图7-9可以看出：

（1）对于玻璃、金属和瓷类客体材料，其表面较为光滑，表面反射主要是单次反射，单次反射主要产生镜面反射，可观测的偏振信息较明显，所以汗潜指纹偏振参量在这几类客体材料取值相对较高；对于塑料和纸类客体材料，其表面较为粗糙，表面反射主要是多次反射，多次反射中漫反射所占比例大，所以汗潜指纹偏振参量在这几类客体材料取值相对较低。

（2）汗潜指纹偏振参量 S_0、S_1、S_2、E_x、E_x-E_y、PDI、AOP 和 DOLP 在样品 A、B、C 等几类相对光滑客体上数值较大，所以这些偏振参量易于在该类客体材料对汗潜指纹进行成像检测。

（3）汗潜指纹偏振参量 S_0、S_1、S_2、E_x-E_y、PDI、AOP 和 DOLP 在样品 D、E、F 等几类相对粗糙客体上数值较大，易于在该介质对汗潜指纹进行成像检测。

根据上面对汗潜指纹紫外偏振反射特性分析，可以得到不同条件下汗潜指纹偏振参量变化规律及特点。汗潜指纹偏振参量特点如表 7-3 所列。

表 7-3　汗潜指纹偏振参量特点

条件	S_0	S_1	S_2	E_x	E_x-E_y	E_y	PDI	AOP	DOLP
角度影响	大	大	小	大	大	小	大	小	大
波段影响	大	小	小	小	小	小	小	小	大
适用波段	可见光	可见光、紫外光	可见光、紫外光	可见光、紫外光	可见光、紫外光	可见光、紫外光	可见光、紫外光	可见光、紫外光	可见光
照度影响	大	大	大	大	大	小	大	大	小
适用照度	亮	亮	亮	亮	亮	亮、暗	亮	亮	亮、暗
适用介质材料	光滑、粗糙	光滑、粗糙	光滑、粗糙	光滑	光滑、粗糙	光滑	光滑	光滑、粗糙	光滑、粗糙

7.2　潜指纹可见光偏振成像探测

自动指纹识别系统是集光电技术、图像处理、计算机网络、数据库技术、模式识别技术等多种技术于一体的综合性系统。自动指纹识别系统的总体框架如图 7-10 所示，包括指纹图像采集、图像预处理（图像增强）、特征提取（细节提取）、指纹分类和指纹匹配等组成部分。

为了确保指纹特征提取算法的鲁棒性，需要对原始指纹图像进行预处理。指纹图像的增强处理过程就是增强纹线的清晰度，增加脊线和谷线的对比度，减少伪信息。图像增强是指纹图像预处理需要解决的核心问题。指纹图像增强的主要目的是消除噪声，改善图像质量，便于特征提取。指纹纹理由相间

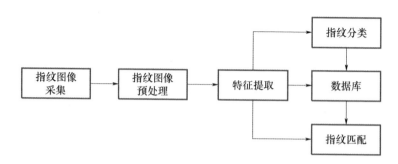

图 7-10　自动指纹识别系统的总体框架

的脊线和谷线组成，这些纹理蕴含了大量的信息，如纹理方向、纹理密度等。在指纹图像的不同区域，这样的信息是不同的，指纹图像增强算法就是利用图像信息的区域性差异性来实现的特征点的类型、特征点的位置是进行指纹识别的依据。要获取这些特征点及特征点的方向，第一步是要对灰度图像进行二值化，正确提取指纹脊线。理论上讲，灰度指纹图像中，脊线部分灰度值小，谷线部分灰度值大，选取合适的域值就可以将脊线提取出来。但在实际情况下并非如此简单，需要克服以下主要困难：①指纹采集设备的光源照射不均匀，有些部分偏亮，有些部分偏暗，灰度分布不均匀；②由于采集设备精度限制，某些局部地方模糊，脊线谷线无法区分，直接二值化会造成脊线断裂或误连；③手指上的疤痕，蜕皮现象造成的灰度图像脊线局部模糊；④灰度图像有大量噪声点。

因此，对灰度图像进行二值化之前必须先进行图像增强。图像增强结果的好坏直接关系到特征点的正确提取。人们可以根据指纹纹线走势的上下文信息来判断模糊部分是否存在纹线。指纹图像的滤波算法也可以在已知纹线方向的情况下，考虑该点在其方向前后、左右的点的灰度来决定该点的灰度。

现在已经有很多种指纹图像增强算法，这些图像增强算法可以分为两类：一类是基于空域的图像增强；另一类是基于频域的图像增强。

7.2.1　基于空域的潜指纹偏振图像增强方法

7.2.1.1　中值滤波

在数字图像处理中，中值滤波作为一种典型的非线性滤波算法应用十分广泛。中值滤波是要滤去图像中的高频或低频分量，容易去除孤立点、线的噪声，同时保持图像的边缘，它能很好地去除二值噪声，是一种对干扰脉冲和点状噪声有良好抑制作用，且对图像边缘能较好保护的低通滤波算法；但对中拖尾（如均匀分布噪声）和短拖尾噪声（如高斯噪声）其滤波性能较差。其原理是：把序列中一点的值用该点邻域中各点值的中值来替代，在数字图像中是把以某点 (i, j) 为中心的小窗口内的所有像素的灰度按从大到小的顺序排列，将中间值替代 (i, j) 处的原灰度值（若窗口中有偶数个像素，则取两个中间值的平均）。二维中值滤波的窗口可以取线形、方形，也可以取近似圆形、十字形或菱形；其维数有常用的 3×3、5×5 等几种。按照上述思想，将窗口在图像中移动，对每个窗口中的像素值进行排序，取中值，并以中间值赋给一新矩阵上的对应位置上的元素（取代窗口中心像元），就可得到去噪声后的图像。中值滤波算法如下：

（1）将窗口模板在图中漫游，并将窗口中心与图中某个像素重合，寻找 (i, j) 点。

（2）读取窗口模板下对应像素的灰度值。

（3）计算窗口均值。

（4）将窗口内每个灰度值与均值比较，若大于均值，则排序取中值，并赋给 (i, j) 点；否则，不排序。同时检查小于均值像素的灰度值，如果其值为零，则将中值赋给该像素。

（5）对下一像素重复（4）。

（6）反复以上（4）与（5），直至 $i = j = n$ 结束。

7.2.1.2 方向加权滤波

方向加权滤波是一种空域的图像增强算法，其方法是在指纹的方向上取一长方形滤波窗口，然后再利用二维高斯滤波实现图像增强。下面对过程做简要说明。

假定在计算方向图时获得的是 8 个确定方向的方向图，那么可以设计 8 个不同的方向模板，这里以水平方向模板为例，其他的模板可以由它旋转得到。模板的大小为 $n \times n$，n 由指纹图像的脊线和谷线的宽度来决定，规定尺寸为 7×5，其权值分布如下：

$$
\begin{array}{ccccccc}
z & z & z & z & z & z & z \\
y & y & y & y & y & y & y \\
x & x & x & x & x & x & x \\
y & y & y & y & y & y & y \\
z & z & z & z & z & z & z
\end{array}
$$

经过滤波计算得知，每一点的像素灰度由与其相邻的 34 个像素的灰度共同决定。即对第 i 行 j 列点的灰度值 $G(i,j)$ 处理如下：

$$G(i,j)=\sum_{m=-3}^{3}Z\times G(i-2,j+m)+\sum_{m=-3}^{3}Y\times G(i-1,j+m)+\sum_{m=-3}^{3}X\times G(i,j+m)$$

$$+\sum_{m=-3}^{3}Y\times G(i+1,j+m)+\sum_{m=-3}^{3}Z\times G(i+2,j+m)$$

$$(7-11)$$

x、y、z 之间的关系满足 $x>y>z\geqslant 0$。

7.2.1.3　Gabor 图像增强

Gabor 图像增强流程如图 7-11 所示。

图 7-11　Gabor 图像增强流程

1. 归一化

将原始图像灰度值的均值和方差调整到所期望的均值和方差，减少沿脊和谷方向上的灰度级的变化：

$$\begin{cases} G(i,j)=M_0+\sqrt{\dfrac{\mathrm{var}_0\,(I-M)^2}{\mathrm{var}}} & (I(i,j)>M)\\[3mm] G(i,j)=M_0-\sqrt{\dfrac{\mathrm{var}_0\,(I-M)^2}{\mathrm{var}}} & (其他)\end{cases} \tag{7-12}$$

2. 方向图的获取

方向场反映了指纹图像上纹线的方向，其准确性直接影响图像增强的效果。

（1）将图像划分为不重叠的子块（16×16）。

（2）利用 Sobel 算子计算每个子块的像素点的梯度值。

（3）利用以下公式计算中心点在 (i, j) 的子块的脊线的方向值：

$$\begin{cases} V_x(i,j)=\displaystyle\sum_{u=i-w/2}^{i+w/2}\sum_{v=j-w/2}^{j+w/2}\left[2\partial_x(u,v)\partial_y(u,v)\right]\\[5mm] V_y(i,j)=\displaystyle\sum_{u=i-w/2}^{i+w/2}\sum_{v=j-w/2}^{j+w/2}\left[\partial_x^2(u,v)\partial_y^2(u,v)\right]\\[5mm] \theta(i,j)=\dfrac{1}{2}\arctan[V_y(i,j)/V_x(i,j)] \end{cases} \tag{7-13}$$

其中方向场是以像素 $\theta(i,j)$ 为中心的子块的局部脊线方向值。由于指纹脊线方向变化缓慢,并在一个小范围内具有相对稳定的变化趋势。因此可采用高斯低通滤波器进行平滑处理。

3. 频率估计

在指纹图像的局部非奇异区域里,沿着垂直于脊线的方向看,指纹脊线和谷线像素点灰度值大致形成一个二维的正弦波,定义纹线频率为相邻的两个波峰或波谷之间的像素点数的倒数。

(1) 将图像划分为不重叠的子块 (16×16)。

(2) 以图像子块中心点 (i, j) 为中心,子块脊线方向为短轴,作一个尺寸为 1 的长方形窗口,如图 7-12 所示。在窗口中按下式计算幅值 $X[k]$:

$$X[k] = \frac{1}{w} \sum_{d-0}^{w-1} N(u, v) \tag{7-14}$$

式中

$$\begin{cases} u = i + \left(d - \dfrac{w}{2}\right)\cos O(i,j) + \left(k - \dfrac{l}{2}\right)\sin O(i,j) \\ v = j + \left(d - \dfrac{w}{2}\right)\sin O(i,j) + \left(\dfrac{l}{2} - k\right)\cos O(i,j) \end{cases} \tag{7-15}$$

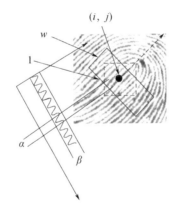

图 7-12 潜指纹目标

(3) $X[k]$ 组成一个二维的正弦波,计算所有 $X[k]$ 极大值间的平均像素点,记为 $T(i, j)$,如果不能检测到连续的峰值,则将标记为 -1:

$$\begin{cases} \Omega(i,j) = \Omega(i,j) \quad (\text{如果 } \Omega(i,j) \neq -1) \\ \Omega(i,j) = \dfrac{\displaystyle\sum_{u-w\Omega/2}^{w\Omega/2} \sum_{v-w\Omega/2}^{w\Omega/2} W_g(u,v)\mu[\Omega(i-uw, j-vw)]}{\displaystyle\sum_{u-w\Omega/2}^{w\Omega/2} \sum_{v-w\Omega/2}^{w\Omega/2} W_g(u,v)\delta[\Omega(i-uw, j-vw)]} \quad (\text{否则}) \end{cases} \tag{7-16}$$

（4）对于无法形成良好的正弦波的子块要进行插值处理。对一个每一个中心点为（i, j）的子块：

$$\begin{cases} \Omega(i,j) = \Omega(i,j) & （如果\ \Omega(i,j) \neq -1） \\ \Omega(i,j) = \dfrac{\sum\limits_{u=-w\Omega/2}^{w\Omega/2} \sum\limits_{v=-w\Omega/2}^{w\Omega/2} W_g(u,v)\mu[\Omega(i-uw,j-vw)]}{\sum\limits_{u=-w\Omega/2}^{w\Omega/2} \sum\limits_{v=-w\Omega/2}^{w\Omega/2} W_g(u,v)\delta[\Omega(i-uw,j-vw)]} & （否则） \end{cases} \tag{7-17}$$

（5）进行低通滤波

$$F(i,j) = \sum_{u=-w_l/2}^{w_l/2} \sum_{v=-w_l/2}^{w_l/2} W_l(u,v)\Omega'(i-uw,j-vw) \tag{7-18}$$

4. 区域掩盖

在指纹灰度图像中存在部分质量较差的区域，如果不进行图像分割，在特征提取时可能会产生大量的伪特征，严重影响指纹识别。将指纹图像分为质量较差的不可恢复部分和可恢复部分，区分这两部分主要是根据脊线和谷线形成的正弦波形。如果不满足这一点，则将其标为不可恢复的部分。

如下三个特征用定义正弦波：

（1）幅值：α＝脊线峰值的平均值－谷线峰值的平均值。

（2）频率：$\beta = 1/T(i, j)$，$T(i, j)$ 为两个连续峰值的平均像素点数。

（3）方差：$\gamma = \dfrac{1}{l} \sum\limits_{i=1}^{l} \left\{ X[i] - \left(\dfrac{1}{l} \sum\limits_{i=1}^{l} X[i] \right) \right\}^2$

利用这三个特征来判定区域是否可恢复：若可恢复，那么标记 $R(i, j) = 1$；否则，$R(i, j) = 0$。

5. 滤波

Gabor 滤波器具有良好的方向选择和频率选择，因此可以利用 Gabor 滤波器作为带通滤波器去除噪声和突出纹线的固有结构。

Gabor 滤波器的一般形式：

$$h(x,y;\phi,f) = \exp\left[\frac{-1}{2}\left(\frac{x_\phi^2}{\delta_X^2} + \frac{y_\phi^2}{\delta_y^2}\right)\right]\cos(2pfx_\phi) \tag{7-19}$$

式中：$\begin{bmatrix} x_\phi \\ y_\phi \end{bmatrix} = \begin{bmatrix} \sin\phi & \cos\phi \\ -\cos\phi & \sin\phi \end{bmatrix} \begin{bmatrix} x \\ y \end{bmatrix}$，$\phi$ 为 Gabor 滤波的方向；f 为正弦波形的频率；δ_x、δ_y 分别为沿 x 轴和 y 轴的高斯包络常量，根据经验都设为 4。

$$\begin{cases} E(i,j) = 255 & (如果\ R(i,j) = 0) \\ E(i,j) = \displaystyle\sum_{u=-\omega_g/2}^{\omega_g/2} \sum_{u=-\omega_g/2}^{\omega_g/2} h(u,v;O(i,j),F(i,j))G(i-u,j-v) & (否则) \end{cases}$$

$$(7\text{-}20)$$

7.2.2 潜指纹多参量偏振图像融合增强方法

偏振图像解析是将三幅单方向的偏振图像进行计算得到强度、偏振度、偏振角、Q 图、U 图等偏振参量来表征目标偏振特性，这样表征目标信息都是独立的。不同光谱间痕迹图像偏振特征差异明显，同一光谱不同的偏振参量所表征的痕迹及其背景也不相同，为准确反演痕迹的偏振特性，研究痕迹光谱偏振图像融合检测技术。充分利用多偏振参量图像间的差异性和互补性，不同偏振参量图像进行融合处理，以凸显痕迹的偏振特征来提高偏振图像清晰度和对比度，从而提高痕迹检测的成功率。

7.2.2.1 融合流程

偏振多参量图像融合的一般流程如图 7-13 所示。

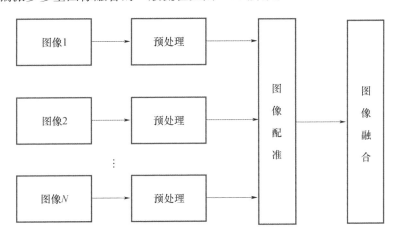

图 7-13 偏振多参量图像融合的一般流程

融合步骤如下：

（1）对源图像进行图像预处理：主要是采用不同的增强方法进行增强处理。

（2）对增强后图像进行配准。

（3）将增强后图像进行融合。

7.2.2.2 融合规则

图像融合的关键在于对不同的图像如何进行融合处理，即融合规则及融合算子的确定问题。

在图像融合过程中，融合方式及融合算子的选择对于融合的质量是至关重要的。目前，融合方式大致可分为两类，即基于像素的融合方式和基于区域的融合方式。

1. 基于像素的融合方式

基于像素的融合方式的突出特点是仅根据图像分解层上对应位置像素的灰度值大小来确定融合后图像分解层上该位置的像素灰度值。对像素的融合方式主要有以下三种方式：

（1）对应的像素灰度值（或灰度值的绝对值）选大；

（2）对应的像素灰度值（或灰度值的绝对值）选小；

（3）对应的像素灰度值加权平均。

2. 基于区域融合的方式

通过计算某一个像素为中心的窗口内的方差来确定此像素的活性测度，从而完成对多源图像的融合，这本质上是一种基于区域特征的融合方法。基于区域融合方法的基本思想可以概括为：在对某一分解层图像进行融合处理时，为了确定融合后图像的像素，不仅要考虑参加融合的源图像中对应的各像素，而且要考虑参加融合的局部领域，局部区域的大小可以是 3×3、5×5、7×7 等。

在基于区域特征方法进行融合的过程中，一般可以选取下列特征作为区域特征：

（1）以区域信息含量为特征量的融合方式。

（2）以区域各点灰度值之和或者灰度之和的平均值为特征量的融合方式。

（3）以区域能量作为特征量的融合方式。

采取了基于边缘检测和数学形态学的融合方法，具体步骤如下：

（1）采用边缘检测获取强度和偏振图像的边缘信息。

（2）运用数学形态学进行区域增长，并进行面积的标记。

（3）如果同是高频信息（边缘），则进行能量（面积）比较；如果同是低频信息（非边缘），则以强度图像为主；如果频率不同，则取高频信息。

7.2.2.3 融合增强效果评价与分析

目前现有的指纹识别匹配基本采用基于细节点的特征提取算法，指纹细节点判断的正误对指纹匹配起着十分关键的作用，因此细节点的多少以及准确性的判断也是很重要的。若一幅指纹图像因质量过差而导致指纹特征点数量减少以至不能达到预期匹配效果时，即可定义此指纹为无效指纹，可拒绝录入指纹库。

特征提取算法的任务是检测指纹图像中两类特征点（末梢点和分叉点）的数量和类型，并通过比对特征之间的相互关系来确定指纹是否匹配。细节特征是指指纹脊线的突变。统计实验表明，末梢点和分叉点是指纹中最常见的细节特征，它们出现的概率分别为 68.2％和 23.8％。同时，交叉、桥形和口形特征实际上都可以看作末梢和分歧点特征的合成。如交叉可认为是两个分歧点的重合，桥形和口形都可以被当作两个分离的分歧点。因此，在大部分自动指纹识别系统中都只把末梢点和分叉点作为细节特征。

特征匹配是指纹识别系统的关键环节，匹配算法的好坏直接影响识别的性能、速度和效率。指纹匹配的算法有很多，有基于图形图像的，还有基于结构匹配，而 FBI 提出基于细节点坐标的模型进行细节匹配。图形匹配的实质是基于纹线结构或者细节点拓扑结构的匹配。这种匹配方法对指纹图像的平移和旋转不敏感，对于少量特征点的缺失、少量伪特征点的存在和轻微的特征点定位偏差也具有一定的容错性。从实际应用效果来看，它还存在两个方面的不足：一是其主要通过统计手段实现指纹匹配，故匹配速度比较慢；二是对指纹图像的质量比较敏感，即对低质量的指纹图像匹配效果不大理想。细节点提取有一个明显的缺点：对虚假细节点和遗漏真实细节点较为敏感。由于指纹匹配直接影响识别的正确率，因此将指纹图像真实细节点的数目作为另一个评价指标。

图 7-14 是对同一场景的两幅不同的偏振图像进行的增强、融合以及特征点提取的结果。

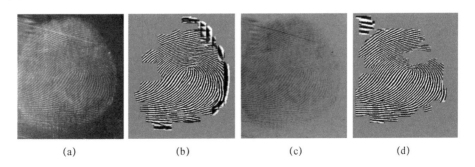

(a)   (b)   (c)   (d)

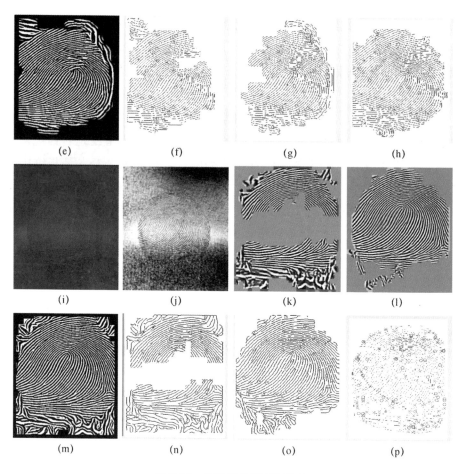

图 7-14　偏振多参量图像融合

（a）偏振参量图像 1；（b）图像 1 的增强结果；（c）偏振参量图像 2；（d）图像 2 的增强结果；
（e）融合图像；（f）图像 1 的特征提取；（g）图像 2 的特征提取；（h）融合图像特征提取；
（i）偏振参量图像 1；（j）图像 1 的增强结果；（k）偏振参量图像 2；（l）图像 2 的增强结果；
（m）融合图像；（n）图像 1 的特征提取；（o）图像 1 的特征提取；（p）融合图像特征提取。

　　由以上不同偏振参量图直接的融合及特征点数对比（表 7-4）可以看出，这种融合方法的增强效果相比较传统的增强方法具有明显的优势，能有效地提高图像增强的效果。

表 7-4　特征点数对比

图像 1	图像 2	融合图
62	87	118
88	119	171

7.3　潜指纹紫外偏振成像探测

7.3.1　基于空间调制的潜指纹紫外偏振图像增强算法

用于图像融合增强中的调制技术一般分为对比度调制和灰度调制。光的三个基本属性分别是强度、波长及光的偏振态。其中，强度和波长被人眼视觉感知成亮度和颜色，但人眼对光的偏振特性缺乏感知能力。从被观测物体表面反射和辐射光的偏振特性与物体表面的形状、曲率、材质及光源、物体和观察者的位置有关。强度、波长及光的偏振态不仅能够各自独立反映出被测物体的本质属性，还存在一定内在关系，在分析潜指纹紫外强度图像和偏振信息之后，可以采用偏振度-强度综合调制融合方法。偏振度是偏振特征的重要信息指标，具有不同理化特性目标的偏振度存在巨大差异。利用偏振度对原始强度图像进行调制，可以进一步提高图像的对比度和清晰度。

算法首先是根据三个偏振方向的图像解析得到紫外强度图像和紫外偏振度图像，利用偏振度图像具有细节信息丰富和目标对比度高的特点提取其特有信息并定义调制系数；其次对紫外强度图像进行调制，将归一化的偏振度调制系数与强度图像相乘即得到融合图像；最后为了将融合图像显示在灰度值范围内，需要将融合图像进行量化处理，灰度值范围为 0～255。图 7-15 为偏振度的调制流程图。

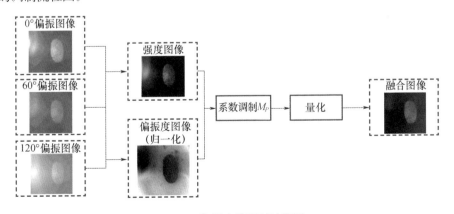

图 7-15　偏振度的调制流程图

7.3.2 潜指纹紫外偏振图像模糊自适应融合算法

目前对于偏振图像的融合主要是将偏振度图像与强度图像进行融合，没有考虑其他偏振参量的特征。研究过程中发现不同偏振参量图像与强度图像具有不同的融合效果，为此建立起一种紫外偏振图像模糊自适应融合算法，算法可根据不同目标特点，选择最佳表征目标特征的偏振参量图像作为待融合图像。算法主要是采用 Choquet 模糊积分自适应选择最佳偏振参量图像，然后将离散平稳小波和稀疏表示相结合对紫外强度图像和最佳偏振参量图像进行融合。

该方法不仅能够保留强度图像的特征信息，而且能够保留偏振参量的高频信息。实验结果表明，自适应融合算法能够较好地将强度图像与偏振参量图像融合，融合图像对比度和细节信息都有所提高，能够满足多数应用场景。

7.3.2.1 算法步骤

该方法主要包括两个阶段：一是从多个偏振参量图像选择一个能够表征该场景的最佳偏振参量图像；二是将该最佳偏振参量图像与强度图像进行最优融合。图 7-16 为紫外偏振图像自适应融合算法的框架。算法步骤如下：

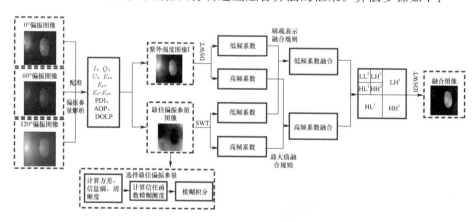

图 7-16　紫外偏振图像自适应融合算法的框架

（1）偏振图像解析。输入三个偏振方向的原始图，配准并解析出紫外强度图像和不同偏振参量图像。

（2）最佳偏振参量图像选取。选用方差、信息熵和清晰度作为评价指标，构建信任函数和模糊测度，计算所有偏振参量图像的模糊积分值，选择模糊积分值最大的偏振参量图像作为最佳偏振参量图像。

（3）离散平稳小波变换（DSWT）。使用 DSWT 分别获取紫外强度图像和最佳偏振参量图像的高频系数（high-pass coefficients）和低频系数（low-pass coefficients）。

（4）最大值规则融合（fusion rule based on maximum）。高频系数使用最大值规则进行整合，低频系数使用稀疏表示的方法进行整合。

（5）离散平稳小波逆变换（IDSWT）。对各层融合后的高低频系数进行离散平稳逆变换，最终得到融合图像。

7.3.2.2 最佳偏振参量选择

首先对 Choquet 模糊积分进行简单介绍。

定义 7.1 设 X 是一个非空集合，ζ 是 X 的子集所组成的 σ 代数，在映射 μ：$\zeta \rightarrow [0, 1]$ 中，当 μ 满足以下条件时为定义在 ζ 的模糊测度：

（1）平凡性：若 $\phi \in \zeta$，则 $\mu(\phi) = 0$。

（2）单调性：若 $E \in \zeta$，$F \in \zeta$，$E \subset F$，则 $\mu(E) \leqslant \mu(F)$。

（3）下连续性：若 $E_n \in \zeta (n = 1, \cdots, \infty)$，$E_1 \subset E_2 \subset \cdots$，$\bigcup\limits_{n=1}^{\infty} E_n \in \zeta$，则 $\lim\limits_{n} \mu(E_n) = \mu(\bigcup\limits_{n=1}^{\infty} E_n)$。

（4）上连续性：若 $E_n \in \zeta (n = 1, \cdots, \infty)$，$E_1 \supset E_2 \supset \cdots$，$\mu(E_1) \leqslant \infty$，$\bigcap\limits_{n=1}^{\infty} E_n \in \zeta$，则 $\lim\limits_{n} \mu(E_n) = \mu(\bigcap\limits_{n=1}^{\infty} E_n)$。

定义 7.2 给一个集函数 μ：$\zeta \rightarrow [-\infty, +\infty]$，若 $\mu(\varphi) = 0$，则该集函数为符号型模糊测度。

定义 7.1 中的模糊测度是非负性的一种模糊测度，在实际的问题中有限制条件，定义 2 的模糊测度为一般模糊测度。

定义 7.3 设 (X, ζ) 是一个有限空间，μ 是 ζ 的一个符号型模糊测度，则函数 f：$X \rightarrow [-\infty, +\infty]$ 关于 μ 的 Choquet 模糊积分定义为

$$(c)\int f \mathrm{d}\mu = \int_{-\infty}^{0} [\mu(F_\alpha) - \mu(X)] \mathrm{d}\alpha + \int_{0}^{+\infty} \mu(F_\alpha) \mathrm{d}\alpha \tag{7-21}$$

式中：$\mu(F_\alpha)$ 为符号型模糊测度，$F_\alpha = \{x \mid f(x) \geqslant \alpha, x \in X\}$，对任意的 $\alpha \in (-\infty, +\infty)$ 称作 α 的载集。

紫外偏振图像模糊自适应融合算法的关键是选择最佳偏振参量图像，在选择最佳偏振参量时，以方差、信息熵和清晰度作为选择指标。其中：方差可以作为偏振图像中信息量的测量标准，方差越大表示偏振信息越丰富；信

息熵可以反映偏振图像中目标的纹理信息，信息熵越大表示目标纹理更丰富；清晰度可以表示偏振图像目标的清晰程度。

根据模糊积分关于信任函数的描述，采用方差、信息熵和清晰度三个评价指标来构建信任函数，通过计算各个偏振参量的模糊测度，选出最佳的待融合偏振参量图像。

7.3.2.3 图像的稀疏表示

将图像中的特征信号通过过完备字典中的原子按照线性组合表示，其中字典的原子数目较少，当达到最小值时，线性组合就是图像的稀疏表示。其模型为

$$\min_{\alpha}\|\alpha\|_0$$
$$\text{s. t.} \quad \|Y-D\alpha\|_q^2 \leqslant \varepsilon \tag{7-22}$$

式中：$Y\in \mathbf{R}^n$ 为源信号；$D\in \mathbf{R}^{n\times m}$ 为过完备字典；m 为字典中原子的数目；α 为对源信号经过计算所得的稀疏系数；ε 为对源信号进行信号重构时产生的误差最大值；$\min\|\cdot\|_0$ 为构成线性组合最少的原子数目。

图像的稀疏表示的关键是获得过完备字典和稀疏系数。算法使用 K 奇异值分解（K-singular value decomposition，K-SVD）算法来得到过完备字典，使用正交匹配追踪（orthogonal matching pursuit，OMP）法来得到信号的稀疏系数。算法流程如下：

（1）稀疏编码。初始化字典，并将 l_2-norm（二阶范数）归一化。

（2）固定字典 D。利用正交匹配追踪法基于字典 D 稀疏表示训练集 Y，得到 X、DX 的近似表示，两者的误差，即二阶范数距离为 E。

（3）字典更新。每次更新一个列 d_k（用 SVD 求解），固定字典 D 的其他所有的列。计算新的列 d_k 及相应系数，使得（2）得到最小值。

（4）重复（2）和（3）直至收敛。

求解过程如下：

（1）稀疏编码，初始化一个字典 D，将 DX 当作字典中每一列与 X 对应每一行的乘积，这样就将 DX 分片，即

$$DX = \sum_{i=1}^{K}d_i x_i^{\mathrm{T}} \tag{7-23}$$

式中：d_i 为 D 的列；x_i 为 X 的行，随后逐片进行优化。

（2）进行字典更新，这里需要逐次更新字典矢量，通过 K 次迭代完成一

次更新，计算当前表示误差的矩阵：

$$E = \mathbf{Y} - \sum_{i \neq k} d_i x_i \tag{7-24}$$

误差值为

$$E_n = \| E \|_F^2 \tag{7-25}$$

在剥离第 K 个条目后，上述表达式会产生一个"空洞"，而寻找到的新的 d_i 和 x_i 来填补"空洞"使之趋向于一个收敛情况。

（3）迭代，循环直到收敛为止。假设系数矩阵 $\mathbf{X}$ 和字典 $\mathbf{D}$ 是固定的，将要更新的字典的第 k 列 d_k，系数矩阵 $\mathbf{X}$ 中 d_k 对应第 k 行为 x_T^k，则

$$\| \mathbf{Y} - \mathbf{DX} \|_F^2 = \left\| \mathbf{Y} - \sum_{j=1}^K d_j x_T^j \right\|_F^2 = \left\| (\mathbf{Y} - \sum_{j \neq k} d_j x_T^j) - d_k x_T^k \right\|_F^2 = \| E_k - d_k x_T^k \|_F^2 \tag{7-26}$$

式中：E_k 为误差矩阵。对 E_k 做 SVD 分解，即调整 d_k 和 x_k，使其乘积与 E_k 的误差尽可能小。

7.3.2.4 高低频系数融合

1. 高频系数最大值规则融合

使用 SWT 分别获取紫外强度图像与最佳偏振参量图像的高频系数和低频系数后，其中各部分的高频系数中含有图像的细节部分，尤其是针对偏振图像保留图像的细节是关键，所以选择最大值法规则对高频系数进行整合，即

$$\begin{cases} \text{coefs}_{HF} = \text{coefs}_{HA} & (|\text{coefs}_{HA}| > |\text{coefs}_{HB}|) \\ \text{coefs}_{HF} = \text{coefs}_{HB} & (其他) \end{cases} \tag{7-27}$$

式中：coefs_{HA} 和 coefs_{HB} 分别为最优偏振参数高频系数和强度图像高频系数；coefs_{HF} 为整合后的高频系数。

2. 低频系数稀疏表示融合

紫外强度图像和最佳偏振参量图像的低频系数中有共有的部分，也有特有的部分，所以对低频系数使用稀疏表示的融合规则。对低频系数进行稀疏表示时需要考虑获取过完备字典和稀疏系数的方法，使用 K-SVD 获取过完备字典，并使用正交匹配法获取稀疏系数。图 7-17 为低频系数融合框架。

低频系数融合步骤如下：

（1）训练字典。主要是使用 K-SVD 训练联合矩阵获得字典。

为了使待融合图像能够有相同的字典，需要训练共用的字典保证待融合图像字典相同。训练方法：首先对低频图像 A 和 B 进行分块处理，主要是通

过一个滑动窗口（设置大小为 8×8），按照 1 个步长的规律从图像的左上角依次滑动到右下角，将两个图像分块得到 $\{P_A^i\}_{i=1}^N$ 和 $\{P_B^i\}_{i=1}^N$；然后将其中的分块按照由上到下的顺序依次排为列矢量 $\{v_A^i, v_B^i\}$，随后逐列减去每一列的均值 $\{M_A^i, M_B^i\}$ 进行归一化处理，最终得到处理后的列矢量 $\{\bar{v}_A^i, \bar{v}_B^i\}$，即

$$\bar{v}_A^i = v_A^i - M_A^i \tag{7-28}$$

$$\bar{v}_B^i = v_B^i - M_B^i \tag{7-29}$$

式中：由 $\bar{v}_A^i$ 构成矩阵 V_A^i，由 $\bar{v}_B^i$ 构成矩阵 V_B^i，将 V_A^i 和 V_B^i 合并组成矩阵 V_{AB}，按照稀疏表示中字典训练方法 K 奇异值分解对矩阵进行训练，最后得到字典 D。

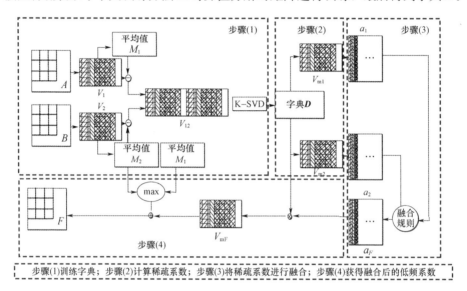

步骤(1)训练字典；步骤(2)计算稀疏系数；步骤(3)将稀疏系数进行融合；步骤(4)获得融合后的低频系数

图 7-17　低频系数融合框架

（2）计算稀疏系数。

使用正交匹配追踪法计算稀疏系数，由图 7-17 可知 V_A^i 的系数为 α_A，V_B^i 的系数为 α_B，计算公式如下：

$$\begin{cases} \boldsymbol{\alpha}_A^i = \underset{\alpha}{\arg\min} \|\alpha\|_0 & (\text{s. t.} \quad \|\bar{v}_A^i - \boldsymbol{D}\alpha\|_2 \leqslant \varepsilon) \\ \boldsymbol{\alpha}_B^i = \underset{\alpha}{\arg\min} \|\alpha\|_0 & (\text{s. t.} \quad \|\bar{v}_B^i - \boldsymbol{D}\alpha\|_2 \leqslant \varepsilon) \end{cases} \tag{7-30}$$

式中：$\boldsymbol{\alpha}_A^i$ 和 $\boldsymbol{\alpha}_B^i$ 为系数 α_A 和 α_B 对应列的矢量。

（3）将稀疏系数进行融合。

潜指纹紫外偏振成像实验系统所获取的三个方向偏振图像，经过配准和解析可以得到多偏振量，各偏振参量之间不仅有各自特点，而且相互之间还有着共同特征，所以各偏振参量图像信息可以通过稀疏系数和步骤（1）得

到的字典 D 可恢复信息，公式如下：

$$\bar{v}_A^i = D\alpha_A^i = D\begin{bmatrix} 0 \\ \alpha_A^{ic} \\ 0 \\ \vdots \\ \alpha_A^{iu} \\ 0 \end{bmatrix}, \quad \bar{v}_B^i = D\alpha_B^i = D\begin{bmatrix} 0 \\ \alpha_B^{ic} \\ 0 \\ \vdots \\ 0 \\ \alpha_B^{iu} \end{bmatrix} \tag{7-31}$$

式中：α_A^{ic}、α_A^{iu} 为系数矩阵 α_A^i 的非 0 数；α_B^{ic}、α_B^{iu} 为矩阵 α_B^i 中的非 0 数。根据上面图像的系数表示相关内容可知，图像可通过系数矩阵中的数值与训练得到的字典 D 乘积便可恢复。

根据步骤（2）训练得到字典 D 可知，字典 D 中的原子都是经过图像的特征值计算得到的，所以在字典 D 中，某个原子对应的稀疏系数的数值代表着所恢复的信息包含了多少图像的特征。在系数矩阵 α_A^i 和 α_B^i 中，同一位置对应的系数（α_A^{ic} 与 α_B^{ic}）如果都有数值，说明它们都含有图像的特征；如果相同位置的系数有一个是 0，则表示非 0 值处的字典原子含有图像的特征；相反，0 值的位置则没有图像特征。通过字典 D 和系数矩阵便可以将多偏振参量图像的联系和各自的特点进行划分。

① 共有系数融合。由上面分析可知，共有系数是系数矩阵中同一位置非 0 的系数（α_A^{ic} 和 α_B^{ic}），为了保留图像的特征并凸显其中的信息，选用以下的规则融合：

$$\begin{cases} \alpha_F^{ic} = \alpha_A^{ic} & (|\alpha_A^{ic}| > |\alpha_B^{ic}| \ 或 (|\alpha_A^{ic}| > |\alpha_B^{ic}| \ 和 \ \alpha_A^{ic} > \alpha_B^{ic})) \\ \alpha_F^{ic} = \alpha_B^{ic} & （其他） \end{cases} \tag{7-32}$$

式中：α_F^{ic} 为融合后的系数。

② 特有系数融合。由上面分析可知，特有系数是系数矩阵中同一位置有 1 个 0 的系数（α_A^{iu} 和 α_B^{iu}），为了保留图像中的特有信息，并使特有信息在融合结果中更自然，融合时选用共有系数的 L_1 范数当作融合的权重：

$$\alpha_F^{iu} = \left(\alpha_A^{iu} \sum_{i=1}^{N} |\alpha_A^{ic}| + \alpha_B^{iu} \sum_{i=1}^{N} |\alpha_B^{ic}| \right) / \max\left(\sum_{i=1}^{N} |\alpha_A^{ic}|, \sum_{i=1}^{N} |\alpha_B^{ic}| \right) \tag{7-33}$$

式中：α_F^{iu} 为融合后的系数。

③ 稀疏系数融合。

将融合后的共有系数和特有系数求和可以得到总的稀疏系数：

$$\alpha_F^i = \alpha_F^{ic} + \alpha_F^{iu} \tag{7-34}$$

④ 获取融合信息。

将步骤（1）得到的 $\{P_A^i\}_{i=1}^N$ 和 $\{P_B^i\}_{i=1}^N$ 都按照上面的步骤进行稀疏系数融合，最终得到融合后稀疏系数构建的矩阵 $\boldsymbol{\alpha}_F$。

（4）获取融合后的低频系数。

根据图 7-17 可知，获取低频系数需要以下三步：

① 由稀疏系数构建的矩阵 $\boldsymbol{\alpha}_F$ 与字典 $\boldsymbol{D}$ 乘积可得融合的列矢量矩阵 $\boldsymbol{v}_F^i$。

$$\boldsymbol{v}_F^i = \boldsymbol{D}\boldsymbol{\alpha}_F^i \tag{7-35}$$

② 将步骤（1）归一化减去的均值重新加入融合矩阵中。

$$v_F^i = \bar{v}_F^i + \max(M_A^i, M_A^i) \tag{7-36}$$

③ 获取融合后的低频系数。将融合后的矩阵列向量 $\boldsymbol{v}_F^i$ 重新排布变成一个分块 P_F^i，将分块重新放置在图像中的位置，最后对图像中的各个分块进行均值计算便可获取融合后的低频系数。

7.3.2.5　融合增强效果评价与分析

实验选用的是玻璃镜面的汗潜指纹，紫外强度图像和紫外偏振图像融合结果如图 7-18 所示。从主观视觉效果看：CD 融合图像融合效果较差，目标对比度较低；GD 融合图像保留了图像轮廓，但图像对比度较低；PCA 融合图像中目标区域过亮使得目标不明显；LP 融合图像虽然在保留了大部分目标信息的同时提高了对比度，但引入了较多噪声；NSST 融合图像虽然保留了目标区域细节特征，但噪声较大；NSCT 融合图像视觉效果较好且提升了对比度；NSCT-PCNN 融合图像视觉效果较差，降低了对比度，同时损失了一些紫外信息；自适应融合算法很好地保留了原始图像中目标的偏振信息和强度信息，并凸显出目标，抑制了背景的干扰。

为了进一步验证算法的效果，使用 IE、SD、AG 和 CR 四个评价指标对融合图像做客观评价。表 7-5 是汗潜指纹的紫外强度图像和偏振图像融合结果的客观评价数据。

(a)　　　　　　　　　(b)　　　　　　　　　(c)

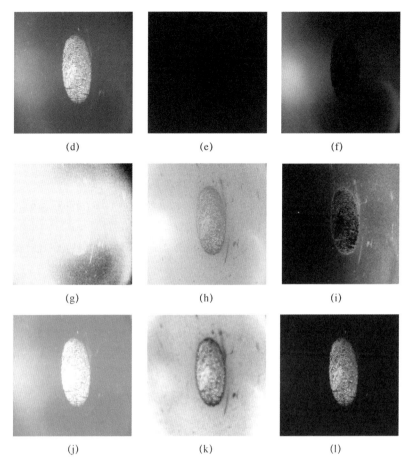

图 7-18 玻璃镜面汗潜指纹紫外强度图像和紫外偏振图像融合结果

（a）0°偏振图；（b）60°偏振图；（c）120°偏振图；（d）强度图像；（e）CD；（f）GD；（g）PCA；

（h）LP；（i）NSST；（j）NSCT；（k）NSCT-PCNN；（l）自适应融合算法。

表 7-5 汗潜指纹的紫外强度图像和偏振图像融合结果的客观评价数据

融合图像	IE	SD	AG	CR
CD	0.963	2.624	2.964	0.0141
GD	1.584	3.263	4.225	0.5812
PCA	2.495	30.560	8.6477	0.0207
LP	6.941	16.768	33.748	0.2104
NSST	4.635	7.651	10.648	0.7463
NSCT	7.565	22.605	45.336	0.2106
NSCT-PCNN	7.237	8.180	11.157	0.2110
自适应融合算法	7.662	23.599	58.307	0.2137

由表 7-5 可知，除了 PCA 融合图像的标准差比自适应融合算法高外，其他评价指标均没有自适应融合算法好，其中 PCA 融合图像也出现了严重的过亮区域，丢失了大量目标区域信息。所以综合考虑相比较其他 7 种融合算法，自适应融合算法能够凸显目标区域并保留目标细节特征，图像的视觉效果也是最好的。

参考文献

［1］ SODHI G S，KAUR J. Powder method for detecting latent fingerprints：a review ［J］. Forensic Science International，2001，120（3）：172-176.

［2］ 许林茹. 电化学发光成像技术在潜在指纹显现与成分识别中的应用 ［D］. 杭州：浙江大学，2014.

［3］ 陈艳，张春静，高东梅，等. 潜指纹显现方法研究进展 ［J］. 应用化学，2011，28（10）：1099-1107.

［4］ LIBERTI A，CALABRÒ G，CHIAROTTI M. Storage effects on ninhydrin-developed fingerprints enhanced by zinc complexation ［J］. Forensic Science International，1995，72（3）：161-169.

［5］ 李红霞，钮洁青，陈敬蓉，等. 荧光成像无损显现纸张潜指印研究 ［J］. 激光与光电子学进展，2016，53（02）：230-234.

［6］ 徐宗杰. 基于偏振成像的目标探测技术研究 ［D］. 长春：长春理工大学，2017.

［7］ 袁颖. 指纹显现技术应用现状与发展趋势综述 ［J］. 贵州警官职业学院学报，2017（2）：47-50.

［8］ 魏千惠. 潜指纹的显现及电化学成像新方法研究 ［D］. 北京：北京科技大学，2017.

［9］ ZHANA M，BEEUE A，PRUDENT M，et al. SECM imaging of MMD-enhanced latent fingermarks ［J］. Chem Commun（Camb），2007，3948-3950.

［10］ 靳贵平，庞其昌. 紫外指纹检测仪的研制 ［J］. 光学精密工程，2003（02）：198-202.

［11］ Lin S S，YEMELYANOV K M，PUGH JR E N，et al. Polarization-based and specular-reflection-based noncontact latent fingerprint imaging and lifting ［J］. JOSA A，2006，23（9）：2137-2153.

［12］ 罗海波，刘燕德，兰乐佳，等. 分焦平面偏振成像关键技术 ［J］. 华东交通大学学报，2017，34（01）：8-13.

［13］ 吴中芳，周少聪，何贤强. 水下物体偏振成像探测的实验研究 ［J］. 激光与光电子学进展，2018，55（08）：283-290.

［14］ XIE M L，LIU P，MA C W，et al. Research on Active Polarization Imaging Experiments and Key Technologies in Smoke and Dust Environment ［J］. Optik，2019：163309.

［15］ WANG F，ZHANG Z J，SU J Z，et al. Photon counting polarization imaging strategy for target classification under photon-starved environments ［J］. Optik，2019，198.

［16］ PERRIER S，RAVELET C，GUIEU V，et al. Rationally designed aptamer-based fluorescence polarization sensor dedicated to the small target analysis ［J］. Biosensors and Bioelectronics，2010，25 (7)：1652-1657.

［17］ RATLIFF B M，LEMASTER D A，MACK R T，et al. Detection and tracking of RC model aircraft in LWIR microgrid polarimeter data ［C］//Polarization Science and Remote Sensing V. International Society for Optics and Photonics，2011，8160：816002.

［18］ ROMANO J M，ROSARIO D，MCCARTHY J. Day/night polarimetric anomaly detection using SPICE imagery ［J］. IEEE Transactions on Geoscience and Remote Sensing，2012，50 (12)：5014-5023.

［19］ AN I. Application of imaging ellipsometry to the detection of latent fingermarks ［J］. Forensic Science International，2015，253：28-32.

［20］ DI SEREGO ALIGHIERI S，FINELLI F，Galaverni M. Limits on Cosmological Birefringence from the Ultraviolet Polarization of Distant Radio Galaxies ［J］. The Astrophysical Journal，2010，715 (1)：33.

［21］ YAMAZAKI H，KIMURA S，TSUKAHARA M，et al. Optical detection of DNA translocation through silicon nanopore by ultraviolet light ［J］. Applied Physics A，2014，115 (1)：53-56.

［22］ 巨海娟，梁健，张文飞，等. 全偏振态同时探测实时彩色偏振成像技术 ［J］. 红外与毫米波学报，2017，36 (06)：744-748.

［23］ 赵永强，李宁，张鹏，等. 红外偏振感知与智能处理 ［J］. 红外与激光工程，2018，47 (11)：9-15.

［24］ 韩裕生，毛宝平，周远. 基于主动偏振光的潜指纹偏振成像检测方法研究 ［J］. 红外，2014，35 (08)：5-9.

［25］ 邓武平，赵宇飞. 圆偏振在物证摄影中的应用 ［J］. 海峡科学，2015 (10)：48-50.

［26］ 冯清枝，杨洪臣. 运用小波图像融合技术增强痕迹偏振图像 ［J］. 激光与红外，2016，46 (02)：230-234.

［27］ ZHANG L，YUAN H W，LI X M. Active polarization imaging method for latent fingerprint detection ［J］. Optical and Quantum Electronics，2018，50 (9)：353.

［28］ 林冠宇，王淑荣，曹佃生. 基于 Stokes 向量大气紫外光谱辐射的偏振修正研究 ［J］. 中国激光，2014 (8)：256-261.

［29］KHONINA S N，PORFIREV A P，KARPEEV S V. Recognition of polarization and phase states of light based on the interaction of non-uniformly polarized laser beams with singular phase structures.［J］. Optics Express，2019，27（13）：18484-18492.

［30］孙明璇，王健，邱敏，等. 全光纤高速模拟信号偏振态测量系统的研究［J］. 光电技术应用，2015，30（02）：17-22.

［31］郝晶晶. 矢量光场的空域调控及其在焦场设计中的应用［D］. 南京：南京大学，2014.

［32］胡冬梅，刘泉，牛国成. 可见光偏振成像系统对低对比度目标的探测［J］. 激光与光电子学进展，2017，54（06）：118-123.

［33］曹奇志，元昌安，胡宝清，等. 基于双折射晶体的快拍穆勒矩阵成像测偏原理分析［J］. 物理学报，2018，67（10）：105-113.

［34］赵冰玉. 基于偏振信息的癌变细胞图像处理技术研究［D］. 长春：长春理工大学，2018.

［35］VEENA SINGH，SHILPA TAYAL，DALIP SINGH MEHTA. Single shot fringe projection profilometry using tunable frequency Fresnel biprism interferometer for large range of measurement［J］. Optics Communications，2019，451：371-374.